高能要事時間管理術

把重要的事做到極致

葉武濱——著

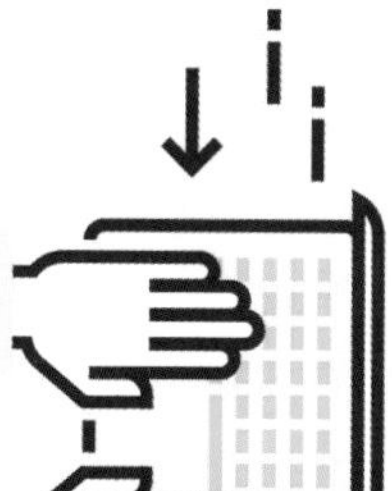

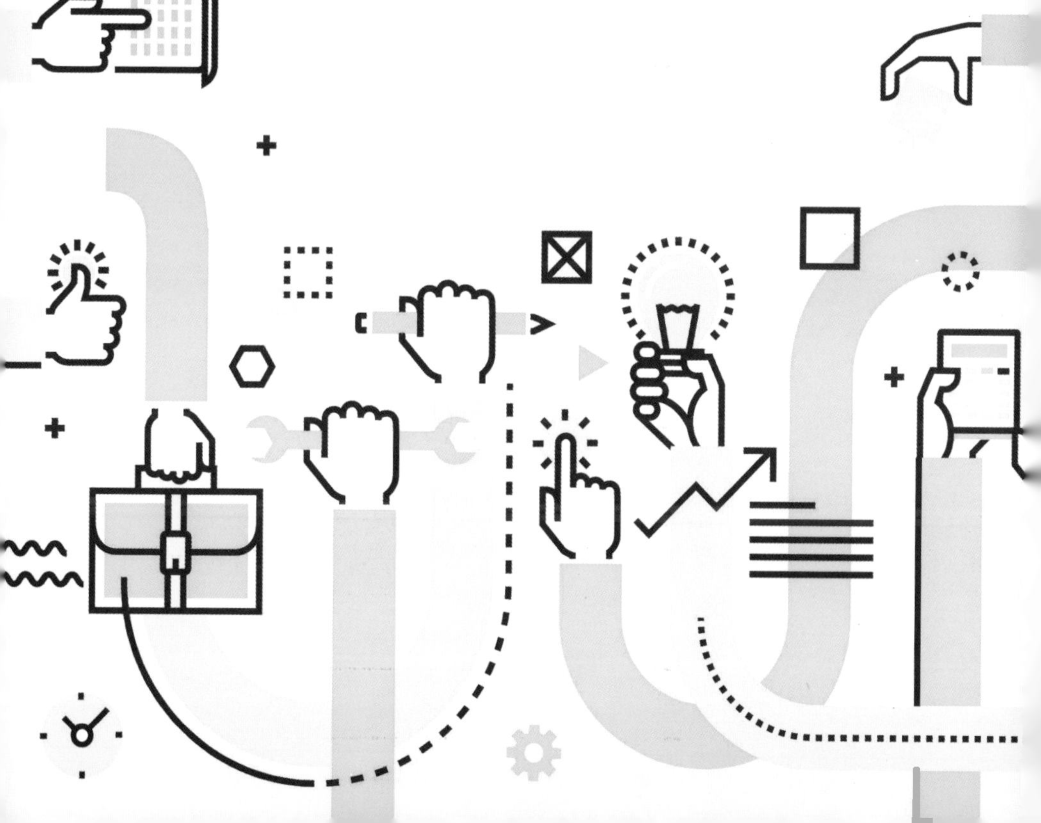

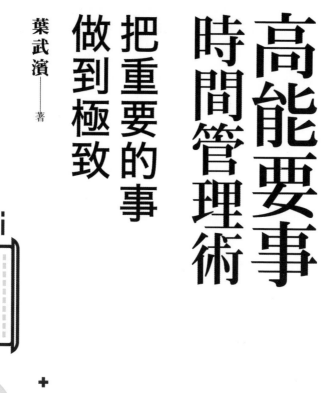

致讀者

時間是一個人最稀缺的資源。那麼，時間管理這項人人必修的課程你掌握了嗎？

你是這樣做時間管理的嗎？

每天的日程計畫排得很滿，野心勃勃要做完所有的事情。

渾然忘我地投入事業打拚，「九九六」是常態（早上九點上班，晚上九點下班，每週工作六天），卻發現——

日程清單總是做不完，疲於奔波；健康拉響了警報，親密關係亮起了紅燈，缺席孩子們的成長變成了你的常態……

為什麼做了時間管理，卻仍得不到你想要的結果？

我想，你對時間管理真的是有一個很大的誤解：

其實，不必完成所有的事情，人生不在於做了多少事，而在於把重要的事情做到極致。

每個人都有很多事情，如看新聞、寫報告、聽網路課程、會議、聊天、網購、人際交往、運動健身、經營家庭、陪伴孩子……每件事所帶來的人生價值不一樣，對時間、空間和精力的要求也不一樣。

好鋼就要用在刀刃上。在優質的時間、合宜的空間，集中旺盛的精力，去做對人生產生積極影響的二十％的要事。每天兩小時，效能提升十六倍，而工作時間卻大大減少，實現高效率，享受慢生活。

如果你認為過自己想要的生活就是隨心所欲，所謂的人生贏家是別人「命好」，時間管理你「生而知之」，即使要學，也是三天就會，那麼，本書真的不適合你。

如果你堅信做事不靠感覺靠系統，自律也只是刻意養成的習慣，那麼本書就是為你量身訂製！

來吧，從今天開始做起，你會驚喜地發現：以今天的努力可以看清明天，以今年的努力可以看清明年——成功於你，只是時間的問題。

為了見證和幫助你，我們建立了「讀者交流群」，請掃 QR Code 加入好友，一起快速成長！

目錄

第一章

時間管理的初級技能——一次只做好一件事　033

第二章

你如何過一天就會如何過一生——如何提升十六倍效能　053

第四章

彈性清單事件：條件具備時，提前整批盡快完成　013

第五章

人生就是一個個大計畫項目的疊加，人人都要成為專案經理　153

第八章

時間管理的基礎是精力管理

第九章

實現終身精進

最後的彩蛋：真正的時間管理是基於人生贏家而進行的生命管理

| 序章 |

「高能要事」是時間管理的核心

大道至簡，少而精。本書的宗旨是讓處於不同階段的朋友，通過填寫「TMTI自我檢測」，明確找出自己的時間管理段位，從而高效學習，通過有針對性的練習，獲得提升，晉級為高效能人士。

我致力於時間管理研究十餘年，創立了專注時間管理諮詢的機構「易效能」。過去六年，我們在全球許多國家舉辦了數百場課程。三年前，我們推出《葉武濱時間管理一百講》，截至當下，喜馬拉雅平台統計資料顯示，播放量已突破一．二億。隨後的音頻付費專輯獲得千萬級的銷售額，排行榜名列前茅。迄今為止，在擁有六億使用者、全球最大的音頻平台喜馬拉雅上，我的單集平均銷量成績更加優秀。本書內容濃縮了我過去六年時間管理知識研究的最新精華，並透過反覆運算，統整出「葉武濱時間管理九段法」，簡單易懂，容易上手，針對性強。書中既有理論，又有個案分享，更有測試和練習，形成一個循序漸進又反覆操練體系，來鞏固所學、學以致用。並在喜馬拉雅等網路知識付費平台上，開通了相應的音頻節目，結合本書內容一起學習，讓你有事半功倍的效果。

高效率，慢生活，告別忙盲茫

「高能要事」是我們時間管理的核心理論。

簡單一句話：時間管理不僅僅是做到準時、追求時間效率，更是基於人生範圍的目標選擇、行動與結果的達成，重在長期乃至一生的效率，即效能。

如何實現「高能要事」？每個人每一天都要利用最優質的時間、空間和最旺盛的精力，去選擇並首先完成對人生有積極影響的事情，如此就可以創造你想要的人生，實現十六倍的效能躍升。

要行動力，要計畫力，還要有反思力，怎麼做到？在這本書中，我把這三種力劃分為九個段位，讓你循序漸進獲得提升。

如果在對以下幾類人的描述中，你可以對號入座，那麼我的書就是為你寫的：

第一類，忙死。忙死的人，白天過不好，晚上睡不好，生活亂七八糟。

我的課在世界上很多城市都有開設，比如紐約、倫敦、東京，以及中國的一線城市，這些城市有一個共同的特性：人們的生活節奏很快。很多人看到時間管理的主題，就會說，我都忙得要死，已經沒時間了，還要時間管理嗎？殊不知，他們不了解「忙」的本質——忙，心亡，意為心死，等於忘記了人生目標，隨波逐流，效能必然低下。最怕的是你忙忙碌碌，卻一生碌碌無為。

第二類，拚死。在快節奏的城市，還有一類人，他們擁有宏大的夢想，但忘記規畫一個值得擁有的人生。比如要賺一個億，卻沒時間陪伴家人、關愛自己；夫妻關係、親子關係都處不好；甚至健康也沒了。曾經聽說這樣一個故事，一個老闆每天抽菸喝酒陪客戶，賺得了公司豪車大別墅，但很快身體垮掉了，告別了塵世繁華，留下一位年輕的妻子，而這位妻子後來與他家司機日久生情，於是帶著已故前夫留下的巨額遺產嫁給了司機，這就有了那句笑話，「賺的錢都給司機花了」。從事業和人生規畫的層面來講，三國英雄裡最厲害的不是諸葛亮，而是司馬懿，因為他活得久，剩者為王，三國歸晉。這第二類人目標單一，人生失衡，拚到最後卻一場空。

第三類，閒死。這類人，非常悠閒，他們說不想在大城市過那麼緊張的生活，只想睡覺睡到自然醒，甚至還半開玩笑地說，好山好水好無聊。殊不知，人生不僅僅是當下的生活，還有詩歌和遠方，還有生而為人的意義。與上面兩種人不同，閒死的人過得很迷茫，他們得過且過，卻又時不時地悔恨自己虛度了光陰，但又不知道如何改變現狀，可能過得比忙死和拚死的人內心更加煎熬。

你是哪一類人？或者你最終想要成為怎樣的人？

在本書中，我設計了可以幫助你一步步實現時間自由、空間自由、財務自由、心靈自由，減少工作時間，提高工作成效的路徑，讓你實現高效率，慢生活，最終成為人生贏家。

通往人生贏家的「線上人生」

什麼是人生贏家？自一九三九年起，哈佛大學用了七十六年開展一項人生發展研究：追蹤兩百六十八位青少年的成長歷程，直到他們年老。這其中甚至包括了甘迺迪總統，研究者只為求得一個問題的答案：什麼樣的人，最有可能成為人生贏家？結果表明：想要成為人生贏家，必須「十項全能」！這十項標準中，有兩項跟收入有關，四項和身心健康有關，四項與情感關係有關。

所以，一個真正意義上的「人生贏家」，不是僅在單一領域裡獲得成功，卻失去了人生其他意義和快樂的人。因此，我為線上和線下人生做出了定義：線上人生，在一個領域卓越，在整體上平衡，至少做到不失衡——人生有方向，工作有重點，生活有節奏，通向人生贏家。

線下人生，忙死、拚死和悶死等等，作息無序，做事拖延，焦慮、疲憊、緊張，人生一片混亂。

從我自身的成長經歷和數年的演講、授課、諮詢經驗來看，我發現通往人生贏家的挑戰是普遍存在的，而且因人而異，但成功的道路是有跡可循的。

這就是我寫這本書的起因。

終身精進

生而為人，我們有與生俱來的人性的弱點，改變不易，但古往今來，有許許多多的人不甘於現狀，勇於突破自我，敢於追求夢想，並成為人生贏家，他們就是最好的榜樣。

十餘年來，我非常關注榜樣的力量，閱讀過無數古聖先賢和名人的著述、自傳和媒體報導，參加無數的課程與演講，還經常從古今中外的名人故事中汲取經驗。如王陽明、曾國藩、富蘭克林、稻盛和夫、傑克·威爾許、李嘉誠、馬雲、村上春樹、柯比·布萊恩等等，他們跌宕起伏的人生給了我很多的啟發。

十餘年的探索和實踐，讓我實現了時間、空間、財富和心靈的自由。這其中因為我在全球許多城市演講，積累了很多的研究樣本。最近六年，我服務了全球大量的學員，幫助他們過上想要的生活。從學員提供的資訊來看，有五個月把個人收入實現翻倍的，有十個月把自己的公司業績大大提升的，還有九個月成功減肥六十公斤的……

在數學領域，一．〇一的三六五次方等於三七．五。有人用它來說明只要每天保持一點點進步，日積月累就可以水滴石穿。但套用在複雜的人生系統上，可能就不那麼準確且全面了，因為，所有的成功都不是線性的。

人生的成長和精進，是一個震盪波動、有前進有後退的循序漸進過程。我們更需要的是在不斷地覺察和修正中，撥亂反正，總量上保持進步。

每一天，每一個細節，如果可以藉由計畫、行動與反思，強化正向行為，改進修正負向行為，那麼成功就只是時間的問題。

如果你掌握高能要事的思維和方法，並且終身精進，我可以肯定地說，成功會比你想像中來得更快！而在你不斷進步的這條路上，會有很多人因為一時的挫折半途而廢，退出舞台，這就是為什麼說成功的路上並不擁擠的原因。

我的全新九段法將助你在此深耕，讓你掌握終身精進的不二法門。

時間管理九段，幫助你實現蛻變

我會讓你：從只知道零散的時間管理知識碎片，到擁有一套完整的時間管理邏輯體系；從一件小事都做不好，到能夠專注高效地完成每一件事；從能做好一件事，到能夠安排好自己的每一天；從能過好每一天，到能夠掌控自己未來兩週內的事件；從掌控兩週到未來三個月的目標，拓展到一年的夢想，最後是一生的願景；從只會用大腦或紙筆做最原始的管理，到能夠熟練掌握如今科技時代的電子效能工具。

請跟隨我的腳步，一起來逐層升級自己的「時間管理段位」（見圖），一直到最高的九段，九段之後，我們就完成了從「知道」到「做到」的蛻變，並且得償所願。

現在，請你首先進行「TMTI自我檢測」了解自己的段位。然後從第

不斷成長、精進
第九段
八～九段：
反思力不斷精進
補充、釋放自身能量
第八段
第七段
明確一生的願景和使命
五～七段：
計畫力事半功倍
第六段：實現一年的夢想
第五段：管理三個月的計畫項目
第四段：掌握兩週內的彈性事件
第三段：掌握兩週內的固定日程
一～四段：
行動力舉重若輕
第二段：把一天過好
第一段：把一件事做好
葉武濱時間管理九段法

時間管理段位圖

一段開始複習鞏固，在你的段位上刻意練習提升，以此類推直到九段，最後，是從一至九段不斷精進。

第一段：把一件事做好！

做完測試題，結果顯示你是不是在這一段位呢？這一段位是時間管理能力的第一級別，它意味著你的計畫力、行動力和反思力都很一般，你可能做事抓不住重點，生活亂七八糟，工作雞飛狗跳。但不用擔心，在這一級，學完後用起來，你會感受到「一次只做一件事」的魅力。

第二段：把一天過好！

發現自己處於第二段位的朋友，說明你已經掌握了做好一件事的方法，但是你可能還無法很好地安排自己一天的工作和生活。那麼在這一段位，我們重點要訓練掌握「高能要事」的能力，從而能夠科學合理地過好每一天，並且游刃有餘地完成要事。

第三段：掌控兩週內的固定日程！

如果你目前處在這一段位，說明你已經具備了時間管理的基本能力，已經能很好地做好一件事，並且能夠過好自己的一天時間。

那麼接下來，就要練習擴大視角，從只關注一天，到掌控未來兩週內的事務。你會學到如何制定並管理「固定日程」，做到不遺漏任何重要日程。

就像我能夠在這六年裡，飛行於全球各大城市參加演講、授課、諮詢，沒有一次遲到缺席，同時也沒有錯過在每一個公休日和重要時刻陪伴家人和孩子一樣。

第四段：掌控兩週內的彈性事件！

跨越了第三段到第四段的朋友，說明你們已經能夠不錯過任何一件自己的人生大事了。

那麼接下來，要提升你的日理萬機從容應對各項事務的能力，我會在這一段位裡，教會大家應對緊急事務，並掌控自己的「日程與彈性事件」，我會教你核心的流程，使用「STEP法則」、升級版的「A4紙工作法」，在不同的情境下處理不同的事件，並且給大家推薦相應的效能工具。

第五段：科學管理三個月的計畫項目事件！

第五段，我們需要擁有更長遠的視角，從掌控兩週，進階到管理三個月的計畫項目事件。在這一段位，我們要學會做自己的「每月反思」，讓你掌握「事半功倍」的計畫項目規畫方法與執行力，成功實現階段成果的同時，體會到效率的提升。

第六段：實現一年的夢想！

到了第六段，表明你已經擁有了比一般人更多的時間管理技能，並且已經嘗到了時間管理的甜頭。

這時，要提升選擇與決策力，我們的視角需要再次擴展。在這一段位，通過八大關注系統，制定出自己一年期的夢想、目標與計畫是關鍵，我們會學習把夢想視覺化的方法，讓你過上卓越而不失衡的生活。

第七段：明確一生的願景！

上升到第七段的朋友，恭喜，你們已經很棒了！這時的你們至少在各個領域小有成就，並且能夠在一年的週期感受到生命的平衡。

在這一段位，我們會一起探討整個人生維度的課題，幫助你尋找自己的成功因素，確定一生的夢想、目標，甚至人生的使命。在成就自己的同時，也能服務到他人，從而擴大你的成功量級。

第八段：正確補充和釋放自身能量！

上升到第八段的朋友，我們的行為就已經不再侷限於時間和事件的範疇了。在這一段位，大家需要一套正確補充精力和釋放能量的方法，告訴你們成功人士的一系列優秀習慣，以及如何培養這些習慣的有效手段。

第九段：不斷成長、不斷精進！

走到第九段的朋友，我要給你們鼓掌祝賀！

來到這裡，你們就已經成功建立起了屬於自己的時間管理邏輯體系，擁有了眾多的技能，養成了優秀的習慣，你們已經有了卓越的行動力、計畫力、反思力。

在這一段位，我們要掌握終極精進的不二法門。我們可能暫時還沒辦法成為偉人或者「完美的人」，但是你知道你和偉人或者「完美的人」之間的差距僅僅只是時間而已。

如果你對自己的人生仍懷有期許，如果你想過理想中的生活，那麼這條鍛造能力和修煉人格的道路，我們一起前行！

測試：你處在時間管理的什麼段位？

《孫子．謀攻篇》中說：「知彼知己，百戰不殆；不知彼而知己，一勝一負；不知彼，不知己，每戰必殆。」

「TMTI自我檢測」能夠讓大家客觀地認識自己，知道自己的時間管理段位在哪裡，完整地接納自己、解讀自己；再閱讀本書內容，配合實踐練習，有的放矢地改變自己；從而輕鬆、愉快地完成從「知道」到「做到」的蛻變之旅，並且得償所願。

那麼，現在就掃描QR Code，立即填寫自我檢測問卷，準確地「知道」自己的時間管理段位吧！

做完測試後，你可能會發現你正處於一、二、三非常基礎的段位，如果是這樣，請你一定要盡快開始閱讀本書，不要再做忙死、拚死、閒死的人了！

掌握一些時間管理技巧，就能很好地改變自己，改善家庭，甚至能幫到更多人，因為你只要稍微改變一些認知，稍微進步一點點，就能進入正循環，把時間管理做得越來越好。

有些朋友在做完自我檢測後，可能是在四、五、六的中段位置，那麼你們對於時間管理有比較好的基礎，更容易接受書中的時間管理理念和知識，但是，我還是要強烈地建議大家從第一段開始學習。因為，基礎不牢，地動山搖。本書的時間管理是一個非常完整的系統，如果沒有從一開始好好理解理論根基，找不到正確的方向和方法，沒有打磨好自己的基本功，很可能只是花拳繡腿，起不了什麼效果。

當然，有的朋友測試出來自己可能已經是在七、八、九這樣的高階時間管理段位了。祝賀你，已經能夠很好地管理自己，並且活在正確的人生方向上了。人生不是一次馬拉松，而是無數個短跑的集合與循環。因此你要深度學習高階的內容，特別是九段的內容，運用日課六省，不斷增加修行的科目數量，來獲得日日精進和生命的圓融，還要從一至九段反覆鞏固練習，有能力的話去幫助更多人，從教會別人中昇華自己。

祝願大家和我一起，終身成長，讓生命燦爛綻放。

段位	關鍵	工具	反思				行動			計畫		
一段	一件事		日	週	月	年	紀錄	排程	**執行**	項目	關注	夢想
							1. 255 工作法					
二段	一天	紙筆	**日**	週	月	年	紀錄	排程	**執行**	項目	關注	夢想
			4. 打卡				2. 晚十早五 3. 高能要事					
三段	兩週	日曆	日	週	月	年	**紀錄**	**排程**	執行	項目	關注	夢想
			6. 反思日記				5. 固定日程日曆					
四段	兩週	印象筆記清單	**日**	週	月	年	**紀錄**	**排程**	執行	項目	關注	夢想
			8. 週反思 9. 月反思				7. 彈性清單 T/STEP					
五段	三個月		日	**週**	**月**	年	紀錄	排程	執行	**項目**	關注	夢想
										10.PNAS 工作法		
六段	一年		日	週	月	**年**	紀錄	排程	執行	項目	**關注**	夢想
			12. 夢想版							11. 八大關注		
七段	一生		日	週	月	年	紀錄	排程	執行	項目	關注	**夢想**
										13. 找到三圈交集 14. 夢想生態圈		
八段	能量		日	週	月	年	**紀錄**	**排程**	**執行**	**項目**	**關注**	**夢想**
							15. 張弛有道 16. 精力管理（身體、情緒、思想、精神）					
九段	精進		**日**	**週**	**月**	**年**	紀錄	排程	執行	項目	關注	夢想
			17. 日課 6 省 18. 24 項精進									

時間管理九段應用工具一覽表

| 第一章 |

時間管理的初級技能——

一次只做好一件事

這一章，我們從「時間管理九段」的第一段開始：時間管理的初級技能——一次只做好一件事！

所謂「天下難事，必作於易；天下大事，必作於細」，只有當我們能從眼前著手，做好當下所面臨的每一件小事，處理好各種細節，並持之以恆，如此才能做成人生大事，攻克人生難事。

時間管理也是一樣，先把當下的一件事做好，然後才能有餘力去管理自己的一天，接著才能有眼界去掌控自己的未來兩週，乃至三個月、一年、一生的規畫。

這是一個循序漸進的過程，慢慢來，別著急。

那麼如何保證一次只做好一件事呢？這裡先說一個我自己的故事：

二十年前，我大學剛畢業，通過嚴格的考試獲得錄取資格，在一家報社做記者，採訪後寫好稿件並保證及時發表，是我工作中最重要的事情，但在寫稿的時候，我往往很容易被外界電話、上司突然派發的任務或來自家人的囑咐打斷。

那時我對提高效率和時間管理的認識和研究還沒有現在這麼深，只是想了一個簡單的辦法：我買來一個箱子和一堆便利貼，當我在寫稿的時候，被任何人打斷，我就寫一個便利貼丟入筐中。例如：有電話打來，我接起後告訴他，回頭再給他回電話，然後寫一個紙條「回某某電話」丟進箱中；腦子裡突然想起太太早上說的「下班後順路買菜」，我就寫一個「買菜」的紙條丟入箱中；上司突然來交代說明天的文章排版要注意哪個細節，我一樣寫一個紙條丟入箱中。

等稿子寫完，我就著手清查箱子裡的紙條，根據輕重緩急，選擇執行。後來我還把事情按照家庭、工作、電話等等分別使用不同顏色的紙條記錄。這裡運用的原理就是根據不同的事務類型分別執行。

當然，這套簡單的時間管理方法後來又經過我不斷更新，如今已經非常成熟，這就是今天要講的內容：專注一事的「ABC255」工作法。

事件ＡＢＣ分類——做重要的事，並做到極致

我們每個人每天都有很多「待辦事項」，但是我們人生的價值和成就不取決於能做多少事，而在於確保優先做完重要的事，並把它做到極致。

按照事件的輕重緩急程度，我們可以把它們分為Ａ、Ｂ、Ｃ三類：

Ａ類是我們確定必須由自己親自執行的重要事件，是已經安排的計畫內事件，包括重要緊急和重要不緊急事件；

Ｂ類是突發的緊急狀況，是計畫外的緊急事情；

Ｃ類是其他事件，是那些對我們內外產生干擾，卻又不那麼重要或者緊急的事件。

處理事情的正確順序——做A推遲B記錄C

處理這三類事件，我們需要採取不同的方法，大家只需記住這個口訣：做A推遲B記錄C！什麼意思呢？即首先保證計畫內的A類事件被執行，記錄、推遲或委託B類事件，不做只記錄C類事件（見圖）。

做 A 推遲 B 記錄 C

我們在日常生活中常常遭遇這樣的事：

本來計畫好現在要專注地做一件早就安排好的事情，也就是我們的A類事件，突然意外狀況發生，於是我們秒變「救火隊長」，丟下原本的計畫，拋開眼下的安排就去解決突發緊急事件去了，也就是把B類事件提前，打斷了A類事件的執行。

等救火完畢後發現，自己的計畫又作廢了，於是日復一日地做計畫，月復一月地撕掉未完成計畫，年復一年地對自己失去信心。

你是不是這樣？

很多人會出現這種狀況，原因是沒有守住自己的原則，沒有捍衛住A類事件的絕對重要地位，從而導致B類事件喧賓奪主，然後造成了ABC三類事件的執行關係混亂。

往往有兩種情況：其一，B類事件沒有那麼緊急，而是其緊急突發性導致了我們的焦慮心態，迫使我們打亂了計畫內的A類事件，先去處理B類事件，如此惡性循環導致越來越多的B類事件的產生。其二，我們的自控力不夠，受外界無關的手機通知和訊息等干擾，漫無目的地東看西看，一件事都做不好。

我的原則是，B類事件只要不是死人、救火、破產就不管它。天塌下來，你不用聽到電話就接，不用資訊一來就回，不用守著手機通知，不用二十四小時每分每秒關注訊息並即時回應，我們完全可以推遲任何事情，把注意力聚焦於當下要完成的A類事件。畢竟A類事件可以分解成小a事件，在一定的時間週期內可以完成。完成A事件再來處理B類事件。

在時間管理初期的學習過渡的階段，我們允許有B類事件的發生，在實在緊急的情況下，我們也可以中斷執行A類事件，率先處理B類事件，等B類事件解決後，再來繼續執行A類事件。

但等你有足夠的時間管理能力後，我們理想的狀態就是沒有B類事件發生，或者B類事件發生後我們也能以推遲或委託的形式進行處理，從而確保自己能首先完成A類事件。

總而言之，我們先從簡單的ABC分類開始，做A，推遲B，記錄C。

ABC255工作法——25分鐘工作＋5分鐘休息

那麼A類事件應該如何高效執行呢？

核心就是要高能要事，因為人的專注力不可能長期保持高度集中的狀態，同時精力也會消耗殆盡。《禮記・雜記》：「張而不弛，文武弗能也。弛而不張，文武弗為也。一張一弛，文武之道也。」為了保持高能專注，就要張弛有道，把工作和休息交替進行。農業上，有「作物輪作」技術，就是指在同一塊田地上，在季節間或年度間輪換種植不同作物，如第一年大豆，第二年小麥，第三年玉米這樣的年間輪作等。其目的是為了均衡利用土壤養分，調節土壤肥力，防止病蟲災害。人的腦力和體力、左腦和右腦等等都可以如此交替。初步的技巧，是工作與休息交替，為了維持效率，採取較長的工作時間和較少的休息時間，如一年的工作與假期、每週的工作日和週末。

因此，我們細緻運用到事件的執行，可以二十五分鐘工作＋五分鐘休息交替。

當然你可以根據自己的情況適當調整，如四十五分鐘工作＋十五分鐘休息，三十分鐘工作＋十分鐘休息等，但無論你採取哪種交替模式，建議你務必都要維持一段時間不變，以便養成習慣。

讓孩子從小就養成「專注做事」的習慣

我大兒子現在上六年級，前段時間受邀參加了USAP（美國學術五項全能）中國站的全英文比賽。他第一次參加，就取得了六年級組成績最好的組裡面個人總分第一名，加上分項文學、藝術、社會科學、演講、團隊，一共獲得三面金牌、一面銀牌和兩面銅牌。

孩子平時的學業就挺重，學校安排的各種作業繁重，但我們想讓他盡可能地嘗試一些新事物，省時、專注、高效地完成學習就是關鍵了。USAP大賽上他之所以能有不錯的成績，我想這完全得益於我們讓孩子從小就養成了「專注做事」的習慣！

我們從小培養他專注學習，做作業的時間與休息放鬆的時間要交替輪換，張弛有度，認真一段時間，就要適當休息，例如學習二十五分鐘後就休息五分鐘，這樣才有利於緩解大腦的疲憊，延長專注的時間，提升學習的效率。

相對來說，孩子的學習按部就班地進行就好，不會有太多緊急事件，更多的是自控力的訓練。而成人所受到的干擾更多，所以要把 255 和 ABC 法則結合起來。

更高的技巧，給自己預留出專門處理緊急B類事件的時間

在執行A類事件的過程中，如果出現其他事件，不做它，只記錄、推遲它或者委託它。如果出現非常緊急的事件，且不能推遲或者委託，也要記錄，然後將B類事件也按照 255執行，即二十五分鐘專注工作 + 五分鐘放鬆休息。但這是不得已而為之的情形。

在這裡，要深度講述一個概念，緊急事件分成你預見到並已計畫的和未預見的計畫外兩種情況。第一種包含在A類事件中，第二種就是B類事件。所以，提前的記錄、收集、排程會減少B類事件的產生。如何應對和確保A類事件的優先級，這是一種能力也是一個習慣。

因此，最好在執行A類事件之前，做充分的思考並記錄，預見隨後會出現的重要緊急事情，提前安排其成為A類事件。

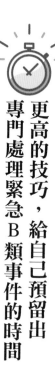

同時，要反思回顧，是什麼原因導致B類事件越過A類事件的優先順序？高階的技巧是，學會給自己預留出處理緊急B類事件的留白時間，當意外真的來臨時，只需先記錄下來，稍後再在留白時間段內執行，這樣我們就能變得遇事雲淡風輕，活得游刃有餘。

不管是事前還是處理事件程序中的記錄，這裡要給大家講一個記錄的原則，那就是要「快速」！記錄要言簡意賅，快速幾個字記下核心內容，讓自己在查看時能想起是什麼事就行，初步的記錄要快，不用對事件進行任何的分類細化加工處理。

A類事件太大，就分解成很多個25＋5的小a類事件

那麼總結下來，使用我們的ABC255工作法打造自己做事的專注力，需要遵循的原則就是：首先確保完成計畫內的A類事件，如果A類事件太大，我們就可以把它分解成很多個二十五＋五的小a事件來執行（見圖）；在做完A類事件之後再去處理B類事件。如果遇到特別緊急的B類事件，可以在完成手頭的小a後進行處理，處理完成B類後，再回來繼續執行下一個小a。

人的意志力、自控力、專注力有限，每天又很忙碌，一旦所求甚多，什麼都想做完，反而什麼都得不到。因此，當你想要有一個好的開始時，我建議大家：從「1」開始！從專注做好一件小事開始。如果你可以訓練兩週以上，你的專注力會大大提升。當你能夠把當下的每一件小事做好之後，下一

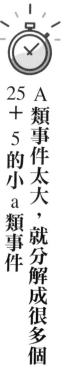

步我們就可以擴展到高效處理一天的事件了。

首先確保完成計畫內的 A 類事件，如果 A 類事件太大，我們就可以把它分解成很多個 25 ＋ 5 的小 a 來執行。
葉武濱時間管理九段法
A
a
a
a
a
a
a

A 類事件太大，就分解成多個小 a

實踐：「一事專注法」表格應用解析與範例

為了讓大家快速擁有做好一件事的專注力，我們專門研發出了這張「一事專注法」表格（見圖）。

這個表格一共分為三個部分，從左至右，我們依次來看，左邊這個最大最複雜的表，豎著看A區標記為「高能要事」，它裡面分為兩個部分，從左至右依次是：

八個二十五分鐘工作＋五分鐘休息的封閉循環「255專注工作圈」。

任務，即你的A類事件，也就是你準備馬上要做的計畫內事件。如果你剛開始還不能十分清晰地知道什麼是A類事件，那麼我建議你聽從自己當下的感覺，憑直覺選出對已預見的事件做出當下要執行的排序，這就是A類事件。

這件事你可以用「主語＋動詞＋參與人員＋事情」這樣的具體可執

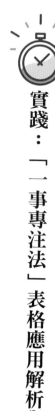

一事專注法表格解讀

「一事專注表」為的是刻意練習專注，一般使用 1~2 週即可。當你能專注一次只做一件事後，在開始使用「一日五色表」及後續升級表格（也包含此 ABC255 原則）。

事件 ABC 分類

A 類事件
是我們確定必須由自己親自執行的重要事件，是已經安排的計畫內事件，包括重要緊急和重要部緊急事件。

B 類事件
是突發的緊急狀況，是計畫外的緊急事件。

C 類事件
是其他事件，是那些對我們內外產生干擾，卻又不那麼重要或者緊急的事件。

做 A：保證 A 類事件被優先執行。
推 B：盡量推遲或委託 B 類事件。
記錄 C：暫時不做指記錄 C 類事件。
執行任務前隔絕干擾源——例如：關上辦公室的門，門上掛出「請勿打擾」的牌子，手機靜音，電腦退出會彈出新聞或廣告的網頁，以及 Line、WeChat 等社交軟體。

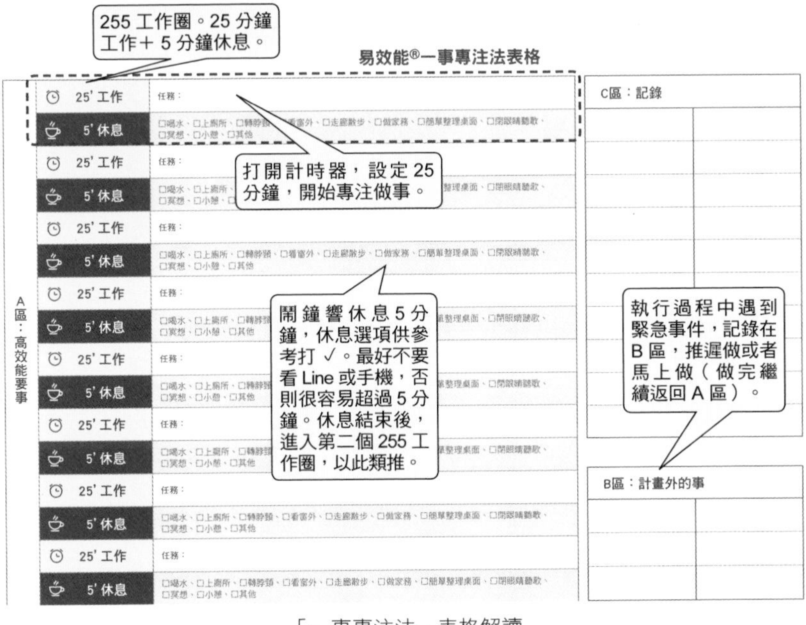

「一事專注法」表格解讀

行檔行動來記錄，例如：主語是我，動詞是寫書稿，參與人員暫時沒有，那麼事件就可以記錄為：我在飛機上寫作新網課第二篇。

確定好要做的計畫後，接下來你需要盡可能地隔絕干擾源，例如：關上辦公室的門，門上掛上請勿打擾的牌子，手機靜音，電腦退出會彈出新聞或廣告的網頁，以及退出Line、WeChat等社交軟體。同時為了執行時不被干擾，可以在C區先記錄一些你關注的事務。

然後你可以打開計時器，設定二十五分鐘，並開始執行A類事件。鬧鐘一響，休息五分鐘，最好不要看Line或者手機，否則很容易超過五分鐘。休息結束後，你進入第二個週期，執行A類事件或者下一個A類事件。A類事件往往是腦力勞動，一般的體力勞動就不要變成A類事件，同時你要選擇好工作的環境，在最合適的時間來處理這類工作。

在專注地工作二十五分鐘後要休息五分鐘補充精力，很多人不知道這短短的五分鐘能做什麼，因此我們在表上給大家列舉了幾種休息方法，大家可以參考使用，用完後打勾就行。

接著來看B區「計畫外的事」。這個表格就是讓你用來記錄突發狀況的緊急事件，先記錄下來這類B事件，然後推遲或者委託它。

最後，我們的視線看到表格右邊的C區「記錄」。在這個表格裡我們可以事先記錄一些自己關注的事務，或者在執行A類事件時，記錄不是緊急的內外部干擾事件。

使用這個表格，就能幫助你養成一次只做一件事的習慣，並且逐漸培養起自己的專注力（見下頁「一事專注法」表格範例）。

本書除了講述系統的時間管理理念之外，還會給大家提供大量的實操指導，和自主研發的相關紙質表格工具，幫助大家把所學時間管理技巧落實為個人能力，所有表格工具下載後列印出來就能使用。

掃描QR code，獲取實踐工具大禮包，手機可以瀏覽、保存，但需要透過電腦的網頁或者堅果雲用戶端才能下載。

易效能®一事專注法表格

葉老師金句：一次只做一件事。

A區：高效能要事

25' 工作	任務：在飛機上改新網課第二篇稿件
5' 休息	☐喝水、☑上廁所、☐轉脖頸、☐看窗外、☐走廊散步、☐做家務、☐簡單整理桌面、☐閉眼睛聽歌、☐冥想、☐小憩、☐其他
25' 工作	任務：
5' 休息	☑喝水、☐上廁所、☐轉脖頸、☐看窗外、☐走廊散步、☐做家務、☐簡單整理桌面、☐閉眼睛聽歌、☐冥想、☐小憩、☐其他
25' 工作	任務：
5' 休息	☑喝水、☐上廁所、☐轉脖頸、☐看窗外、☐走廊散步、☐做家務、☐簡單整理桌面、☐閉眼睛聽歌、☐冥想、☐小憩、☐其他
25' 工作	任務：
5' 休息	☐喝水、☐上廁所、☐轉脖頸、☐看窗外、☐走廊散步、☐做家務、☐簡單整理桌面、☐閉眼睛聽歌、☑冥想、☐小憩、☐其他
25' 工作	任務：
5' 休息	☐喝水、☐上廁所、☐轉脖頸、☐看窗外、☐走廊散步、☐做家務、☐簡單整理桌面、☐閉眼睛聽歌、☑冥想、☐小憩、☐其他
25' 工作	任務：
5' 休息	☐喝水、☐上廁所、☐轉脖頸、☐看窗外、☐走廊散步、☐做家務、☐簡單整理桌面、☐閉眼睛聽歌、☐冥想、☑小憩、☐其他
25' 工作	任務：更新商業效能課程
5' 休息	☐喝水、☐上廁所、☐轉脖頸、☐看窗外、☐走廊散步、☐做家務、☐簡單整理桌面、☐閉眼睛聽歌、☐冥想、☐小憩、☐其他
25' 工作	任務：
5' 休息	☐喝水、☐上廁所、☐轉脖頸、☑看窗外、☐走廊散步、☐做家務、☐簡單整理桌面、☐閉眼睛聽歌、☐冥想、☐小憩、☐其他

C區：記錄

公司擴展辦公室	
日本開課公司簽約	
回復智能鬧鐘合同	
佛羅倫斯第二場公開課	
新網課大咖見證	
與鄧總團隊溝通直播課	
商業效能PPT更新	
讓鴻儒統計時間花費	
香港小兒子換證件	
外出剪髮	

B區：計畫外的事

給太太訂車回深圳	
買磁鐵地球儀	

「一事專注法」表格範例

| 第二章 |

你如何過一天就會如何過一生——

如何提升十六倍效能

我們對自己的時間，乃至一生的掌控過程，應該是逐層分級的，沒有人能一蹴而就，只能循序漸進地實現，所以耐心一點，就能品嘗到甘美的智慧之果。

在上一章我為大家詳細講解了如何做好一件事，相信你在實踐時會遇到一些問題，比如在什麼時段、什麼環境更容易專注？這涉及更大的範疇，比如在一天內如何高效地完成事務？

你如何過一天，就會如何過一生！這一章就來談談，如何過好自己的一天，讓自己的效能獲得十六倍的提升！

經過大量的閱讀研究，我總結得出一個結論：其實我們每個人每天只需在本行業內專注地深度工作兩小時，效能就能翻十六倍，不出一年，你就能成為行業內的專家；不用五年，你就能成為全國的行業專家；而十年累計七千多個高能專注小時，你就可以成為全球的行業專家。

那麼，具體該怎麼做？

「今日待辦」是個謊言

我在很多地方談過這個現象，很多人每天開啟做事模式的第一個舉動，就是拿出筆記本，列出自己的「今日待辦」，密密麻麻寫了很多事，看起來頗有成就感。

但到了晚上卻睡不著了，因為事情沒做完。這是不是很多人一天的寫照呢？

之所以會出現這種狀況，原因是「今日待辦」是一個謊言。

做今日待辦的人，他們的視角就侷限在這一天，當關注點僅放在這二十四小時的安排上，我們就容易被視野窄、事務多、沒有分類、缺乏彈性、先做簡單的不做重要的事件等各種因素影響，從而讓自己的計畫永遠趕不上變化。

那麼如何逃離謊言，不再做急得火燒屁股的笨事呢？

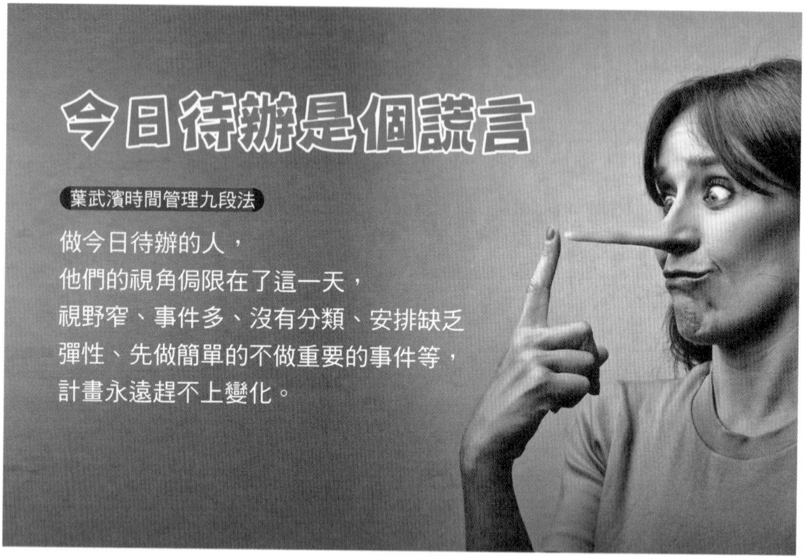
今日待辦是個謊言
葉武濱時間管理九段法
做今日待辦的人，
他們的視角侷限在了這一天，
視野窄、事件多、沒有分類、安排缺乏
彈性、先做簡單的不做重要的事件等，
計畫永遠趕不上變化。

今日待辦是個謊言

二八法則：每天聚焦二十%的重點事件，回報驚人

一八九七年義大利經濟學家帕雷托歸納出一個結論，即二十%的富人擁有八十%的財富。這描述了一種不平衡關係。我們可以計算得出，在平均財富數量和賺錢速度上，富人平均是窮人的十六倍。

二八法則是普遍存在的定律。每一件事情，對於人生而言，價值不一，也必然呈現二八法則效應。因此，如果你每天首先聚焦對自己人生產生積極影響的二十%的重點事件，你的人生就會提升效能十六倍；如果聚焦四%的人生重點事件，則可以提升人生效能二百五十六倍；如果一%，則四千零九十六倍（注：二八法則中聚焦二十% 事件產生十六倍效能，聚焦二十%事件的二十%就是四%，產生的是一六×一六＝二百五十六倍；四%事件的二十%是○．八%≈一%，則效能約為兩百五十六×十六＝四千零九十六倍）。其他事

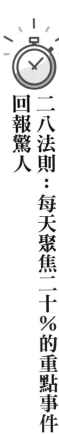

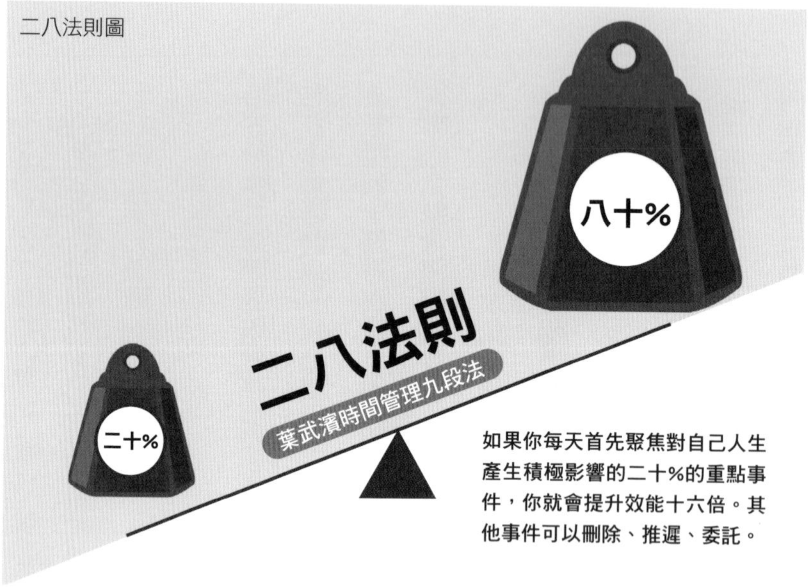
二八法則圖
八十%
二八法則
葉武濱時間管理九段法
二十%
如果你每天首先聚焦對自己人生產生積極影響的二十%的重點事件，你就會提升效能十六倍。其他事件可以刪除、推遲、委託。

件可以刪除、推遲、委託。

做減法，而不是加法，是人生成功的核心祕密。我經常在我的研討會上傳遞這個重要理念，我幫助學生在九十天裡聚焦一個自己主動選擇的目標，然後每天首先為這個目標做一件心甘情願的小事，持續下來，大都取得了意想不到的成果。

一位來自遼寧的學生，一百七十五公分的身高卻有一百四十七公斤的體重，減肥很多次都沒成功，後來在我的課上訂下目標要減肥十二公斤。兩百七十天下來，他總共減了六十公斤。另一位學生則是在十八天裡成功減掉六公斤。因為很多人上我的課之後減肥成功，我們機構一度被誤認為是專業的減肥健身機構。

為什麼他們能減肥成功？是因為我讓他們明白了要首先專注於重要事務的意義，以及教他們掌握列出清單、找到方法、每天持續行動的這套系統。重點是他們執行起來不困難，因為每天只需為目標做一件心甘情願的小事。

我在二〇一六年開始做線上音頻課程《葉武濱時間管理一百講》時，曾連續一百天堅持每天早上六點更新一期只有六分鐘的節目，當我做到四十多天的時候，這個節目就登上了喜馬拉雅平台教育類榜首，並且兩年霸榜。

為什麼能有這樣的成績？就是因為我對目標下了決心，每天持續做。而且只是每天一件小事，短短六分鐘音頻，簡單、方便，即使我在全世界工作與旅行，也能保持每日更新。

但是，小小的持續的投入，回報驚人！節目的成功帶來了滾雪球效應，帶動我們的線下研討會也擴展到全球許多城市。

「高能要事」原則：為重要的事首先留出固定的時間

我在研究實踐時間管理的十餘年間，閱讀了國外幾乎所有時間管理相關書籍，其中「要事第一、要事優先、重要、緊急」的概念，是其中非常經典且重要的理念。後來我翻查文化古籍，發現很多歷久彌新的中國傳統經典當中，早有相應描述，例如《大學》裡提到「物有本末，事有終始，知所先後，則近道矣」。

不管是西方的「要事優先」，還是古人的「輕重緩急」，它們所包含的都是同樣的時間管理的本質。

站在巨人的肩膀上，經過大量的研究實踐，我提出了「高能要事」這個最新的雙重核心並重的時間管理理念，並開展實踐，得到了廣泛認可。

所謂「高能要事」，就是在說：我們不光是要先做重要的事，為了確保執行的高效率和成果的高品質，我們還應該在自己精力與能量最佳的時間，以及合適的空間裡，去做重要的事。

在我們精力不夠時，可以選擇放鬆休息來補充精力。

《刻意練習》這本書裡，作者安德斯．艾瑞克森介紹了一項研究成果，這個成果給予了「高能要事」一個強有力的佐證。作者在研究柏林的小提琴學生時發現，最傑出和優異的學生，比普通學生平均每週多睡了五個小時，並且與普通學生每週花在休閒活動上的時間大致相當。唯一不同的是，最傑出的學生會把那些受到干擾最少的高效能時間留給練習。他們會固定在早上起床後練琴一小時，在午休後再練琴一小時。在每天固定的時間裡做重要的事，捍衛了重要的練習日程，並且排除了干擾，於是他們成為了最傑出的學生。

曾國藩也說，早起是治家之本，每天甚至有日程十二條。

同樣，這麼做的還有籃球明星柯比．布萊恩和文壇巨匠村上春樹。柯比的那句名言：「你知道洛杉磯早晨四點半的樣子嗎？」以及村上春樹在三十三歲時，決定以寫小說維生後，堅持每天凌晨四點起床，寫作四小時，再跑步十公里的生活方式，都在表達一個理念：為重要的事留出固定的時間。這樣的工作模式，就是我總結的「高能要事」。

全球暢銷書《當和尚遇到鑽石》的作者麥克．羅區格西老師，對我「高能要事」的理念也深表贊同。曾獲得十八面金牌的乒乓球冠軍選手也評價說，在她打球的時候，如果沒有超強的時間管理能力，每天二十四小時根本完成不了四、五項的訓練。她看到我提出「高能要事」這個概念，也受益良多。

因此，為了快速地獲得成果，我們就應該把那二十％重要的事，放在這一天中自己精力最旺盛的時段去完成。

每天2~2.5小時的效率高峰期，是拉開與他人差距的最寶貴時間

我再來講講低精力對人的影響。完成這篇稿子的前幾天，我再次來到倫敦。因為來過這座城市多次，下了飛機，我就沒有直接搭車去酒店，而是與助理坐上了倫敦地鐵。

因為抵達倫敦時將近傍晚，剛好可以趕上入夜休息，因此在飛機上我們就選擇了只睡四個小時，然後吃飯、工作。受長途飛行和顛倒時差的影響，上了倫敦地鐵時的我已經筋疲力盡，精力處於低谷。從地鐵站出來，一見到四一四號公車，我們就馬上上了車，很久之後才發現方向坐反了。

所以，人處在低精力時是沒辦法處理重要事情的，而高精力的時間在每一天中所占的比例非常低。美國行為學專家丹·艾瑞利的研究顯示，我們每天只有二到二·五小時的效率高峰期，通常是在醒後的幾個小時，這是你拉

開與他人差距的最寶貴時間。

如果你因為各種原因，導致起床、上床睡覺不規律，那麼你的高能要事時間就一定不會是固定時段；而如果你過的是按部就班的生活，那麼早上的晨間時光就是你一定不能錯過的高能時刻。

我們的精力會不斷地釋放和補充，這是一個動態變化的過程，那麼為了很好地使用它，就要學會張弛有度，因此我們一天的時間就可以根據精力狀態不同來進行安排。

例如，今天我從倫敦飛往佛羅倫斯，我的安排就是：在早班飛機上睡覺積蓄精力，抵達後坐上去比薩斜塔參觀的車，在車上我就用手機上網，與國內團隊取得聯繫，線上開會部署完工作，遊玩比薩斜塔結束後一個小時，我回到酒店後錄製了線上音頻節目。

一天下來，睡覺、工作、遊玩，我每件事都不會遺漏。

時間的五種分類

我連續十年每天記錄統計自己的時間使用，並且在做了大量的社會教學研究後，得出一個結論：優秀的時間管理者，可以把一天時間分為四類：休息時間、固定日程時間、彈性事件時間、留白時間；卓越的時間管理者還會有第五類——反思時間。

一、休息時間

那些無論如何都必須花費的時間，例如：吃飯、睡覺和運動等，這類時間的支出是為了維持人最基礎的生命運行能量，它的作用是補充精力、消除疲勞，這部分時間占了時間總量的很大比例。

以一天為例，一個正常的成年人平均每天需要睡八個小時左右，加上睡前醒後的緩衝時間，他們一天花在睡眠上的時間，大約在九到十個小時左右。

每天三頓飯，加起來大約會花我們一到兩個小時。想要身體健康、身材健美，我們每天至少需要一個小時的鍛鍊時間。

這麼算下來，一天二十四個小時，至少有十二到十三個小時是我們必須花費的休息時間，這還是比較自律的人；如果是自制力不夠好的朋友，作息無規律，加上睡前玩手機，早上賴床，那麼一天要花費十五到十六個小時。

每天因為失序和不自律而浪費的三到四小時，就是時間的黑洞。

因此，想要避免時間黑洞，我們建議社團學員要有規律的作息，最好做到早睡早起。古今中外的許多名人和偉人，例如曾國藩和富蘭克林等，都有早睡早起的習慣，曾國藩日程中最後一條是夜不出戶，富蘭克林的作息則是每天晚十早五。

同樣的，我也是一直這麼要求自己，無論在世界的哪座城市，我都會很快地根據當地的時間來調整自己的作息，與日同起，與月同眠。並且在早起或睡前，我還會留出三十分鐘的第五類時間，來反思過去的一天，以及計畫明天要做的事。

二、固定日程時間

那些執行事先計畫好的、擁有明確截止日期的重要事件時段，稱之為固定日程時間。例如：寫稿、做教材、提前訂了時間的會議、與他人的約會等等。

這類時間基本上屬於上一章提到的A類事件。

在上一章中，我講到了我大兒子鴻儒去參加USAP比賽，因為他平時學業繁重，沒有太多時間準備，於是在賽前衝刺階段，我們特意為他制定了一套訓練計畫。

本來那段時間我們一家原本的計畫是去滑雪，並陪伴大兒子鴻儒準備USAP比賽的，但是鴻儒為了準備比賽，到了滑雪場的第一天，他選擇了放棄滑雪。大年初一，他用ABC255專注力訓練法進行賽前準備。扣除固定休息時間，鴻儒一天完成了十個255高能專注時間。

一個人一天有二到二·五小時的效率高峰期，經過訓練後，可有四到八小時的高能時間，但我建議你正常情況下一天控制在二到四小時。

所以，為有明確截止日期的重要事件，留出的專門固定的時間，應該選在一天中的高能時段，並且盡可能地排除干擾，同時要保持空間的安靜整潔。

三、彈性事件時間

完成那些計畫內，但沒有固定截止日期的事件的時間，稱之為彈性事件時間。

這類時間主要用於處理生活和工作中不太緊急的事務，處理的時間可以前後調節，但最好是提前處理。例如：訂機票，雖然提前和推遲一兩天差別不大，但提前處理不僅有低價機票，同時也了卻一樁心事，免得占據我們的思維頻寬。

四、留白時間

給那些計畫之外的突發狀況緊急事件預留出來的時間，稱之為留白時間。一旦有緊急事件發生，我們可以用這段時間來應對，而且還不影響原有計畫的正常執行，所以它的意義就等於高速公路上的應急車道。

這裡我想要說說英國的交通。英國的鄉村非常美，但路卻很窄，而且車輛的通行速度都很快。英國的很多鄉間公路上都有圓環，來自四面八方的車會很自覺地等視野裡圓環中沒有車之後，才會進入。這種通行方式看似慢，但一旦自己的車進入圓環，就毋須擔心其他車輛進入，可以快速通過。

這種交替有序與時空留白，有效地提高了來往車輛的通行速度和安全性，維護了「秩序」的價值。

很多時候我們滿滿的行程計畫被打亂，就是因為沒有給自己預留留白時間，以緩解意外緊急事件的衝擊，導致自己的內心和行為失去了原有的秩序。

我經常做「空中飛人」，一次和阿聯酋航空的空服員聊天，得知他們的排班表就嚴格遵循了為緊急事件留出應對時間的機制。

據說，每個空服員每月大概要飛六趟，公司系統會根據航線需求和人員的技能，自動匹配每個人的工作，提前安排好前面五趟航班，最後會留有一趟航班不做具體航線安排，因為每個人都有可能被隨時「抓」到某個航班上，去為別人代班，而他們每個人都可以在起飛前的四小時內取消自己的工作，原因可能是生病、家裡突發急事，甚至是心情不好。

當發生有人不能按時到工作崗位上的情況時，因為有這種留白機制，航空公司也能快速地調配另一個人補替。公司運行井然有序，不受任何影響。這比起另外一家中東航空公司需要空服員十二小時待飛顯得更科學與人性化。

因此，我強烈建議大家不要做太滿的日程計畫，要給自己留出一定的留白時間，以應對突發狀況，這樣就能活得更加從容淡然。

五、反思時間

為了保證計畫內的事件被優先執行，我們還需要做到每日反思，保持進步。

如果你在時間九段的第一段位，訓練自己專注做一件事，通過25＋5

的迴圈就可以評估。

如果你在第二段位，通過一天的五色安排，基本就可以評估自己的高能要事表現。

隨著計畫週期的擴張，你需要進一步引入每日反思的系統，蘇格拉底說：「沒有反思的人生不值得過。」人對結果的創造不是一開始就能做到極致，這是一個不斷精進的過程。腦中有計畫，然後行動，有了結果後，需要與計畫的預期目標做對比，如果發現結果與預期有偏差，這時就需要透過反思調整計畫或改進方法，然後再行動。

實踐：「一日五色工作法」表格解析與應用

為了讓大家能夠更快上手管理自己一天的事務，我們專門研發出了「一日五色工作法」表格，你只需根據表格設置，簡單填空，按部就班執行，就能掌控好自己的每一天。

在表格裡，我們用五種不同的顏色來代表前面所說的五類時間。

第一種黑色，代表黑夜。這是維持我們生命運行所需的日常休息時間，這類時間必不可少。管理它的重點就是「要規律」！作息一定要有規律，盡量養成固定作息，早睡早起比較難，但可以慢慢來。

第二種黃色，代表了陽光。這是我們每天的高能時間，想要工作有成果，人生有成就，這類時間必須用在處理重要的A類事務上。

第三種綠色，代表了「綠燈行」。這是我們處理彈性事件的時間。這類

一日五色表解析

「一日五色表」是為了讓大家快速上手一天的事務，只需用做填空題的簡單方式，就能掌控好自己的一天。此表也是過渡表，一般使用九十天即可轉到週表或五色週表繼續實踐。

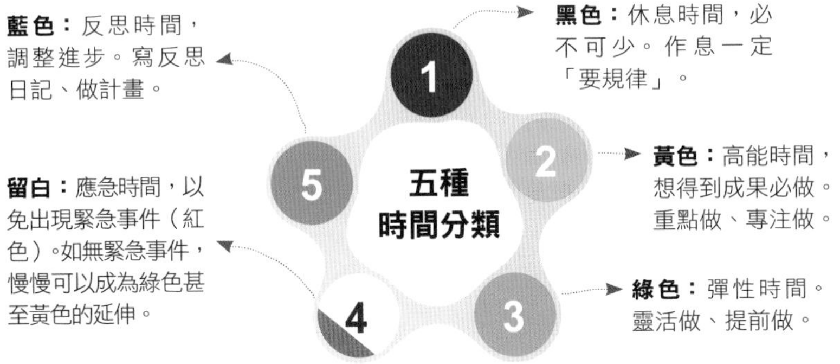
五種
時間分類
1
2
3
4
5
黑色：休息時間，必不可少。作息一定「要規律」。
黃色：高能時間，想得到成果必做。重點做、專注做。
綠色：彈性時間。靈活做、提前做。
留白：應急時間，以免出現緊急事件（紅色）。如無緊急事件，慢慢可以成為綠色甚至黃色的延伸。
藍色：反思時間，調整進步。寫反思日記、做計畫。

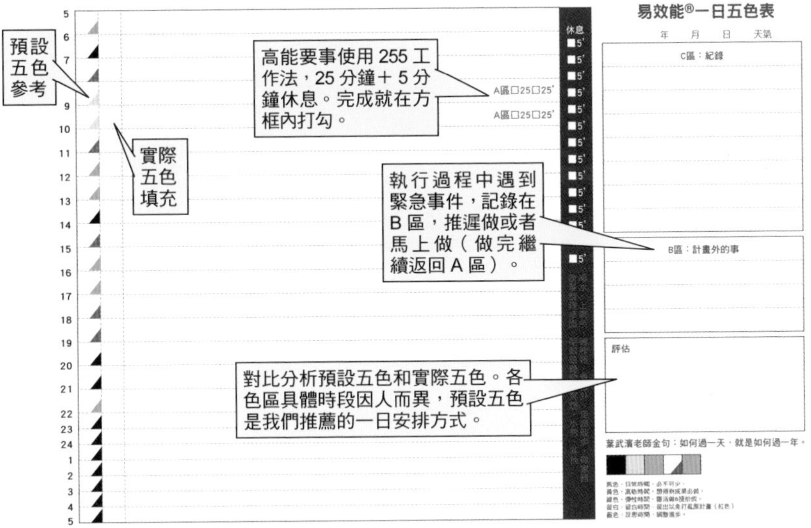
易效能®一日五色表
年 月 日 天氣
預設五色參考
實際五色填充
高能要事使用 255 工作法，25 分鐘＋ 5 分鐘休息。完成就在方框內打勾。
A區□25□25'
A區□25□25'
休息
執行過程中遇到緊急事件，記錄在 B 區，推遲做或者馬上做（做完繼續返回 A 區）。
C區：紀錄
B區：計畫外的事
評估
對比分析預設五色和實際五色。各色區具體時段因人而異，預設五色是我們推薦的一日安排方式。
葉武濱老師金句：如何過一天，就是如何過一年。

評估參考——

一、如果黑色占比很大，說明你今天休息太多。
二、如黃色是一整塊沒被打碎，說明你今天很好地捍衛了自己的高能要事。
三、如果有綠色，說明你不光完成了固定日程事件，還提前完成了彈性事件，將來緊急事件會減少。
四、如果白色被緊急事件紅色占用，說明你遭遇了緊急情況，要減少它。不過，這非常正常，你首先要保障黃色、綠色被執行好，就很棒了。
五、如果有藍色，嘉許你，你不僅很好地完成了自己一天的事務，還給自己留出了反思的時間。

「一日五色工作法」表格解析

時間可以動態分布，在這類時間裡處理的事務也是靈活多樣的，而且這類事務最好是提前做完。

第四種白色，代表「留出來、留白」。這是為緊急事件留出的留白時間，以確保突發狀況不會打亂原有的計畫。

如果你這一天沒有緊急事件發生，它還可以作為你感受生活之美的休息時間，或者可以成為綠色甚至黃色的延伸。

第五種藍色，代表「星辰大海」。這是我們用來反思和做計畫、調整進步的時間。一天結束後或者新一天開始前，也就是早起睡前，花三十分鐘做新一天的計畫，寫反思日記。

在表格的最左邊，我們預估標出了每日一到二十四小時的色塊，今日需要專注執行的事件填在A區，計畫外的緊急事件填在B區，需要記錄下來、避免自己遺忘的事件填在C區。

一天結束了，我們需要對自己的這一天進行評估，對A區、B區、C區內容進行分析，看看自己的時間安排是否合理，用五種顏色把這一天的時間實際使用類型在第二列標記出來，這樣你就可以非常直觀地看到自己這一天的時間分配是什麼樣的，以及合不合理。

在表格的右下方還有一欄是「評估」，專門用於記錄你表格的實際使用方式，與左邊的計畫時間進行對比分析，以便調整改進。

如果你的表格上黑色部分占比很大，就說明你今天休息得太多；

如果黃色部分是一整塊，沒有被打碎，就說明你今天很好地維護了自己高能要事的時間；

如果表格中也出現了綠色部分，就說明你不光完成了固定日程事件，還提前完成了彈性事務，你將來的緊急事件會減少；

如果你表格中白色的部分被填紅了，就代表你今天遇到了緊急事件，接下來你要想辦法減少它。不過，這在時間管理的前期也很正常，你首先保證黃色和綠色被很好地執行，就很棒了；

如果表格上還出現了藍色部分，那麼我要讚揚你，你不光是很好地執行了自己一天的計畫，還給自己預留了反思的時間。

這裡需要特別提醒的是：各個色區的具體對應時段是因人而異的，第一列是預估各時間段的顏色並填色，第二列是根據你的實際情況進行填色，當然我期待你的時間安排與我們的示範保持一致，因為這說明你基本已經過上了高效能的生活方式。

還是以我的一天為例吧。

假設這一天我有很多事情要做，那麼我首先會挑出一件最重要的，需要用一整塊專注時間進行處理的事情，例如：修改某期音頻節目的播音稿、錄音、上傳，然後我就會把它填寫在表格的A區，接著就用我們在上一章中講到的255工作法去專注地執行。完成一項，就在黃色區的方框內，畫一個勾。

那麼在這個過程中，如果不提前準備，我們可能會遇到一些干擾，比如：公司財務突然打來電話申請某款項，自己腦子裡突然想起某銀行經理推薦的信用卡申請，想喝水等等。

這時，如果不是特別重要且緊急的事情，我們可以把它記錄在C區，不做任何多餘的處理，然後再次將注意力集中在手上的事務，也就是節目的稿件修改工作中來。那麼像上面提到的財務打來的電話，我就可以不接，或者快速地說等一下回覆，然後記下「回財務電話」「辦信用卡」等等，這些就是可以直接記錄在C區的事情。至於喝水，也要記錄，但是不要馬上去喝，我們最好養成休息時喝水、上洗手間的習慣。

C區就是給我們做收集記錄的區域，那些干擾我們的，又不用立刻處理的事情就統統記錄到這裡。當然，電話和Line可以用勿擾模式避免它，等回頭再來處理也不遲。

還有一種情況，就是時間管理能力還不是特別強的朋友，一定會遇到突發狀況，且是必須立即停下自己手裡的工作，馬上去處理的緊急事件。這時，你就需要把這件事寫進表格的B區，在前面寫上被打斷的時刻。例如上面提到的財務電話，如果十分緊急，就記錄在B區，如果是執行的情況下，可以在這件事情後面寫上「b01」（01是緊急事件的編號），時長多少，如二十

易效能®一日五色表

2019 年 3 月 19 日　天氣 晴

時間	事項	休息
5	反思日記，做計畫	
6	修改新網課第三篇　A區 ☑25 ☑25'	■5'
7	吃早餐	■5'
8	去機場路上　A區□25□25'	■5'
9	在飛機上　A區□25□25'	■5'
10	在飛機上	■5'
11	在飛機上	■5'
12	去比薩斜塔路上	■5'
13	回財務電話二十分鐘	■5'
14	ZOOM和團隊討論新節目	■5'
15	遊玩比薩斜塔	■5'
16	……	■5'
17	……	■5'
18	回酒店錄音　A區☑25☑25'	■5'
19	與合夥人晚餐，討論義大利市場	■5'
20	……	■5'
21	總結一天，感恩冥想	
22–5	睡覺	

休息：喝水、上廁所、轉脖頸、看窗外、走廊散步、做家務、簡單整理桌面、閉眼睛聽歌、冥想、小憩、其他

C區：記錄

辦美國信用卡

B區：計畫外的事

回財務電話b01 二十分鐘

評估

今天在飛機上，路上休息得很好，保持了很好的精力，並有做計畫和反思。

葉武濱老師金句：如何過一天，就是如何過一年。

黑色，日常時間，必不可少。
黃色，高能時間，想得到成果必做。
綠色，彈性時間，靈活做&提前做。
留白，留白時間，留出以免打亂原計畫（紅色）
藍色，反思時間，調整進步。

「一日五色表」範例

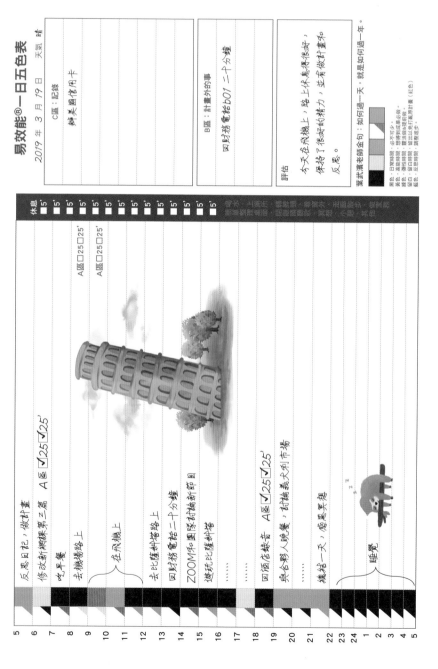

分鐘；如果是不執行的情況，則推遲在其他留白時間完成。無論怎樣，做記錄非常關鍵（見「一日五色表」範例」）。

這一章的內容，我深受彼得・杜拉克的「時間管理論述」、法蘭西斯科・西里洛的「番茄工作法」、大衛・艾倫的「GTD工作法」、博恩・崔西的「青蛙理論」以及史蒂芬・柯維《與成功有約：高效能人士的七個習慣》等理論的啟發，我也推薦你們看看。我的創新是站在很多巨人的肩膀上得來的。

小知識點：反思日記如何寫？

寫反思日記並為新的一天做計畫，可以是早上起床後，也可以是晚上睡覺前，但我更推薦在早上的晨光中寫，因為早起後的時間是完全屬於你的安靜時間，在這個時間不會有人來打擾，你的思緒更清晰，心情更平和，反思會更深刻。

那麼具體應該寫些什麼呢？很多人的日記記錄的都是生活裡的流水帳，或者是滿篇對生活、對社會、對老闆、對另一半的抱怨和小情緒。這樣的日記對我們的個人成長不具有任何價值。為了能幫助大家寫出更有意義的內容，我們專門研發了一個「九宮格」（見日反思計畫九宮格圖），你只需要按表格填空就行了。

易效能®日反思計畫九宮格

夢想	每月目標	今日要事
日誌與反思	好日子 地點： 日出： 日落： 天氣： 溫度：	財富與事業
學習與效能	家庭與社交	健康與旅行

反思：

在使用過程中，有以下幾點需要注意：

一、寫反思日記的基本原則是：先反思過去一天自己的得失表現，記錄事實與感受；查看昨日計畫的完成程度，如果已經順利取得成果，就記錄收穫並嘉許自己；如果沒能順利完成，就記錄事實和自己的感受，在大腦裡再回顧一次，以後遇到類似的事情，自己就會知道如何改善，才能更接近成功。

二、想要做出科學合理可執行的「今日計畫」，不能光憑感覺或者腦海裡的靈光乍現，首先要查看與調整未來一到二週的日程，明確自己今天必須完成的固定日程有哪些，然後再查看自己的「彈性事務清單」，預估在完成固定日程事件後，自己還有多少時間和精力可以完成彈性事務，確定三件大事優先在高能的時刻完成，並且盡量控制在兩個小時內。

三、原則上我們要盡量推遲所有非計畫內的事務，突發事件如果不是特別緊急，就先記錄下來，把它放入自己的計畫系統如日曆或彈性清單裡，之後再做安排；如果突發事件非常緊急，那麼盡量委託給別人處理，或者盡快完成自己當前已安排好的事務，之後再立馬處理緊急事件。

四、很多人在初期剛開始嘗試寫反思日記的時候，可能會很花時間，「九宮格」裡的某些格子，你可能也不太清楚應該怎麼填，遇到暫時不知道寫什麼內容的格子就先擱置不填，記住一個原則：

「爛開始，好開展，好結果。」意思是做任何事情不苛求有一個完美的開始，只要決定了，就勇敢地行動起來，不要用「沒有準備好」來給自己設限。開始之後就在不斷的行動中修正改進，促進事情好好發展，最後你一定會得到一個好結果。

有「爛開始」的精神非常重要，不能因為初期理論不熟或者操作不熟，導致寫日記花時間，或者不知道怎麼做就放棄。

另外，如果你每天經歷的事情實在太多了寫不完，或者因為時間不夠寫不完，這些都沒關係，有多少時間，能寫多少是多少，寫不了的就在自己腦海裡對照九宮格，把重要的事件想過一遍，也是一個反思的過程，重要的是反思得有結果。

五、用「九宮格」寫反思日記的時候，有一格是專門記錄當天的日期、你所在城市日出日落的時間和天氣情況等等，請你重視並詳細記錄自然的變化，久而久之，你就能從每天的記錄中，感知到大自然的運行規律，從而能夠更精確地感知到時間的流動。

用這個「九宮格」寫日記做計畫，能夠讓你每天的反思和計畫更高效。最後還要強調一點，在計畫確定之後，我們就需要用接下來的一天時間來執行它，在行動的層面要貫徹三個原則，讓自己效能最大化：

a. 今天我有沒有做要事？永遠要維護「要事優先」原則！

b. 我有沒有在高精力時專注地做要事？永遠要執行「高能要事」原則！

c. 我有沒有把重要的事做到極致？做了和做到極致是兩個完全不同概念！

我們反思過去是為了計畫未來和活在當下。用好每天的二十四小時，掌控自己的一生才不是奢談。早起—反思—計畫—行動，當你能夠熟練使用這個封閉循環之後，你就能過好自己的每一天。

今天的努力可以看清明天，今年的努力可以看清明年。如此這般，實現夢想也指日可待。平凡的每一天的努力聚焦，累積起來就是不平凡的一生。

| 第三章 |

學會行事曆神器，

管理好近期一到兩週的事件

我們很多人買了書，沒時間看，或者看了但沒看完，看完了也不實踐，那樣對自己的生活是不可能有任何改變的。

我們都知道知識有用，但練習是枯燥的，想要把知識轉化為能力，那就需要正確重複地練習，並養成習慣。

本書的內容實戰性非常強，我以我過去、現在和未來的實踐經歷和計畫作為示範，為大家講述最新、最系統的時間管理方法。

而你需要做的，就是在每天的高能時段專注地練習（Focus），最好還能得到專家的回饋（Feedback），然後不斷地修正（Fix），記住這刻意練習的3F原則，這樣你才能不斷升級自己時間管理的能力。

在前兩章的基礎上，這一章我要幫助大家擴大視角，來講講如何科學地管理一到兩週的事務。其核心就是：提前找出近期重要事務並做分解，轉為每天的行動。

合理的計畫，是僅安排少量重要不緊急的事件

想要管理好近期一到兩週的事務，首先要學會使用行事曆這個神器。

如今時間管理的工具種類繁多：備忘錄、行事曆、清單、鬧鐘、計時器、思維導圖、專案管理表等等。它們各有各的功能和用處，也各具型態，有紙本的，也有電子的。其中，行事曆是最好用的工具，同時也是最不容易用好的工具，它的常見使用錯誤有：不知道在行事曆上記什麼，上面空空如也；每天在行事曆上記重複的事件，要做的與不做的都記錄上，事務被記得密密麻麻……

這些都不夠科學！那麼究竟行事曆的正確使用方法是什麼呢？

合理的計畫是僅安排少量重要不緊急的事件，對應的是前兩章中講的A類事件。

A類事件，可以進一步分解為兩類，從時間和日期的維度，明確時間內

的必做事件和靈活時間的選做事件，即：

一、有明確起始時間和截止時間的固定日程；

二、沒有嚴格時間要求的彈性事件。

我們用「行事曆」來管理固定日程，用「彈性清單」來管理彈性事件。

固定日程管理：每天都看自己的行事曆，遠粗近細地安排事件

我們首先來講解固定日程。

要把重要的事做好，必須具備凡事提前和抓大放小的能力。這就要求我們擁有比二十四小時更長遠的視角，能夠做到對各項事務提前安排，並做出選擇，為那些重要的事件預留時間，制定出自己的固定日程。留白可以讓我們在突發計畫外的緊急事件發生時從容應對，保證計畫內事件不被干擾，節奏不被打亂。不斷地訓練自己優先關注計畫內的事件，從而獲得對人生的掌控。

就好比城市中剛修整好的一條高速公路，一般情況下它只會有一加一個車道：即一條正常行車道和一條緊急車道。那麼，這條正常行車道就是「固定日程系統」，而那條緊急車道就是為緊急事件而預留出的「空白時間」。

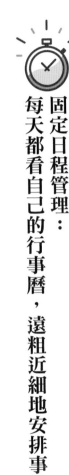

這條緊急車道的設置，就是為了留給緊急狀況發生時使用，確保就算意外發生，正常行車道上的車輛也不會造成堵塞，車輛可以按計畫通行，不被緊急事件占用。

但隨著車流量增加，高速公路可能就會被拓寬成二加一個車道，會增加一條超車道，這是我要在下一章中講的彈性清單系統。

同理可知，行事曆上只能放少量的、有明確起迄時間的、真正重要的事件，必要時最好為這類事件加上地點和詳細內容的備註。這類事件可以是：假日旅行、陪伴家人、生日、家長會、公司會議、約會、坐飛機等等。

行事曆上的事件一定是要確保按計畫實施並完成的重要事件，最好還要在高能時刻優先完成。這種事件一般會與多人相關，如果改動，影響面會很大。

我使用行事曆多年，近五年內的排程更是詳細，翻回去幾乎每天有記錄，我有很多獨家的使用祕訣。

首先，我每天都看自己的行事曆，年、月、週、日視角切換，甚至一天看幾次，不但經常看，而且看的時候，還會在腦子裡想像一遍發生時的場景。這個技巧非常重要，文字形成記憶比較難，場景、感受、聲音則非常有助於記憶。按照艾賓浩斯遺忘曲線，八個記憶週期後，我幾乎可以記住行事曆上大部分的安排，並有畫面感，這非常有助於重要事情的推進。

比如寫稿的此刻（三月二十八日），在我的腦中，我可以直接閃現出如下日程：上上週我在倫敦，上週一飛到佛羅倫斯，然後飛到香港，然後在深圳開總裁班，這週飛到重慶，如今飛回北京，週末和家人去香港，然後去大阪、墨爾本、杜拜和佛羅倫斯，四月二十日回到北京幫孩子辦畫展，然後是北京和廣州的兩期易效能時間管理線下活動，再然後是公司年度會議，接著就是勞動節搬家了。

其次，我很喜歡切換年、月、週、日檢視，遠粗近細地安排事件。看似密密麻麻的日程，好像做計畫本身在浪費時間，實則這樣日積月累養成習慣之後，做計畫花費的時間不多，而提前部署帶來的時間節約與效能提升是驚人的。

所有的高效背後都是精打細算，這樣才能從容不迫

雖然我目前重點強調讓你關注一到兩週的事務，但是週表和月表、年表緊密關聯，隨著日期的臨近，電子系統的行事曆、年表和月表上的事件會逐步轉移到週表和日表上來（其實是透過切換視圖實現）。如果使用紙張行事曆，難免多次抄寫浪費時間，要巧妙地用年表記錄大事，週表記錄近期更多具體的日程。紙本系統一般只用年表和週表，即使要用月表，也只記錄大事。

一、年表

我通常會使用年表來提前計畫這一年我必做的大事，也就是把這一年夢想版上的內容，如孩子的寒暑假、國家的節假日、重要家庭時光、易效能全球線下活動、易效能新課程、個人馬拉松比賽、公司做公益、家庭旅行等等

易效能®（2019）年表上

家庭　出差旅遊　私人事務　工作　自定義　自定義

JAN 一月	FEB 二月	MAR 三月	APR 四月	MAY 五月	JUN 六月	
T 元旦			愚人節	W 勞動節	兒童節	1
				T 北京搬家		2
				F	M 員工培訓	3
	M		T 墨爾本公開課	S	T	4
	T	T 230期@杭州				5
S 商業效能二期	W	W	S 233期@墨爾本			6
M	S 滑雪@北京		T	T 237期@上海		7
T	F	F 婦女節	M 商業效能三期	W		8
W	S	S 二階40期@北京	T			9
T	S	S	W	F		10
F	USAP比賽		T	T 二階41期@深圳	W 241期@北京	11
S	USAP	植樹節	F	S	W	12
	T 家長論壇演講		W			13
	情人節		S		F 孩子畢業	14
T 226期@北京		F				15
W	S 227期@深圳	W 231期@倫敦	T 234期@義大利			16
	S	T	W		M 商業效能四期	17
F 二階39期@杭州				S 238期@紐約	T	18
S		W 佛羅倫斯公開課		S	W	19
S	W 雪梨公開課	W			T	20
	T	T 新網課上線			F	21
	F	F			S	22
	S 228期@雪梨	S 232期@重慶			S	23
T 孩子演出	S	S	W 235期@北京	F 二階25期@杭州		24
	M		T	S		25
				S	W 242期@成都	26
	W 229期@北京		S 236期@廣州		T	27
M 聖多娜分享	T		S	F 239期@深圳		28
T			M 年度檢視	W		29
W			T			30
		W 大阪公開課				31

◯ M（星期一）T（星期二）W（星期三）T（星期四）F（星期五）S（星期六）S（星期日）

年表範例一

易效能®（2019）年表下

家庭 | 出差旅遊 | 私人事務 | 工作 | 自定義 | 自定義

	JUL 七月	AUG 八月	SEP 九月	OCT 十月	NOV 十一月	DEC 十二月
1	M	T 244期 @北京	S 246期 @墨爾本	T	F	
2	T	F	M	W	S 一階 @北京	M 營銷密碼
3	W	S	T	T	S	T
4	T	S	W	F	M	W
5	F	M	T	S	T	T
6	S	T 245期 @杭州	F	S 紐約公開課	W 一階 @杭州	F
7	S	W	S 二階43期 @墨爾本	M	T	S 一階 @廣州
8	M 暑假全家美國行程	T	S	T 一階 @美國	F	S
9	T	F 二階42期 @杭州	M 公益日	W	S	M
10	W	S	T 教師節 247期 @廣州	T	S 鴻儒生日	T 一階 @北京
11	T	S	W	F 2階 @美國	M	W
12	F	M	T	S	T	T
13	S	T	F	S	W	F 二階 @深圳
14	S	W	S	M	T	S
15	M	T	S	T	F	S
16	T	F	M	W 商業效能六期	S 一階 @大阪	M
17	W	S	T	T	S	T
18	T	S	W 248期 @重慶	F	M	W
19	F	M	T	S	T	T
20	S 242期 @成都	T	F	S	W	F
21	S	W	S 249期 @上海	M	T	S
22	M	T	S	T	F 三階 @杭州	S
23	T	F 三階27期 @北京	M	W 一階 @北京	S	M
24	W	S	T	T	S	T 平安夜
25	T 商業效期五期	S	W	F	M	W 聖誕節
26	F		T	S	T 一階 @重慶	T 奧地利滑雪
27	S		F	S	W	F
28	S	墨爾本公開課	S	M	T	S
29	M		S	T 一階 @廣州	F	S
30	T 鴻毅生日		M 美國行程	W	S	M
31	W 244期 @北京	246期 @墨爾本	T	T	S	T

○ M（星期一）T（星期二）W（星期三）T（星期四）F（星期五）S（星期六）S（星期日）

年表範例二

具體安排在行事曆的某個期間（從某月某日到某月某日）。

具體以我過去的十二個月為例（見年表範例圖），這些我都會提前三到六個月就開始安排，並記錄成跨天的長期日程。

因為早做準備，結果就能一一呈現。

二〇一八年二月春節，我和家人去了紐西蘭旅行，並且順便在奧克蘭舉辦了時間管理演講活動；

三月初參加了孩子的重要演出，三月五日，我的新課程《葉武濱時間管理進階》在喜馬拉雅音頻平台上線。同時我在澳洲雪梨和墨爾本做線下時間管理演講活動；

四月我和太太回老家，然後在倫敦演講並在英國自駕旅行；

五月一日我們全家去了杜拜旅行，然後我前往紐約和溫哥華做時間管理的線下課程；

六月一日陪孩子看演出；

七月全家去倫敦，並在倫敦演講；

十月全家新加坡旅行；

十一月孩子過生日；

十二月全家去滑雪，然後我去美國演講等等。

二〇一九年一月我重返美國聖多娜授課；

二月陪孩子滑雪、參加USAP比賽；

三月我的新課程《葉武濱時間管理九段》全面上線；

七月暑假的計畫是陪孩子參加夏令營；

二〇二〇年春節，已安排好易效能南極活動等。

更多安排就不再贅述。

為了方便管理，我還會對日程事件進行分類，按照事情的性質或參與人員身份的不同分為：生活、工作、私人等，並且還可以根據個人情況，進一步細分為家庭、孩子、父母、工作、行程、旅行、活動、個人等，同時選用不同的顏色標記。例如：家庭事件，藍色；活動事件，黃色；總部工作，綠色；行程，淺綠色等等。

顏色可以根據自己的喜好來設置。如果是紙本行事曆，你可以用彩色筆在年表上塗色並標記，如果是電子行事曆就直接選擇分類。

二、月表

事件安排近細遠粗是關鍵原則，因此月表會比年表更精細。

我一年要去很多國家和城市，日程不能太滿，保留一些空白給週內的彈性事件很有必要，同時每個月還必須預留出一個週末來陪孩子和家人，一年四季因為放假會有疏密不同，錯落有致。

五、六年來，我總結了規律，為了如期出現在線下的課堂上和工作的高效率，我在國內都是早起坐早班機，這樣不堵車，飛機也很少延誤。但國際穿梭更複雜，時差、機場、舉辦地，我還需要精確查詢城市間是否有直飛，或者與附近舉辦課程的城市之間的距離、路上輾轉所需時間等。

我一般會提前一到兩個月縝密地安排機票、酒店和行程，並把飛機起飛降落的航廈時間、酒店相關地點備註在行事曆上，便於查看，以及一鍵進行

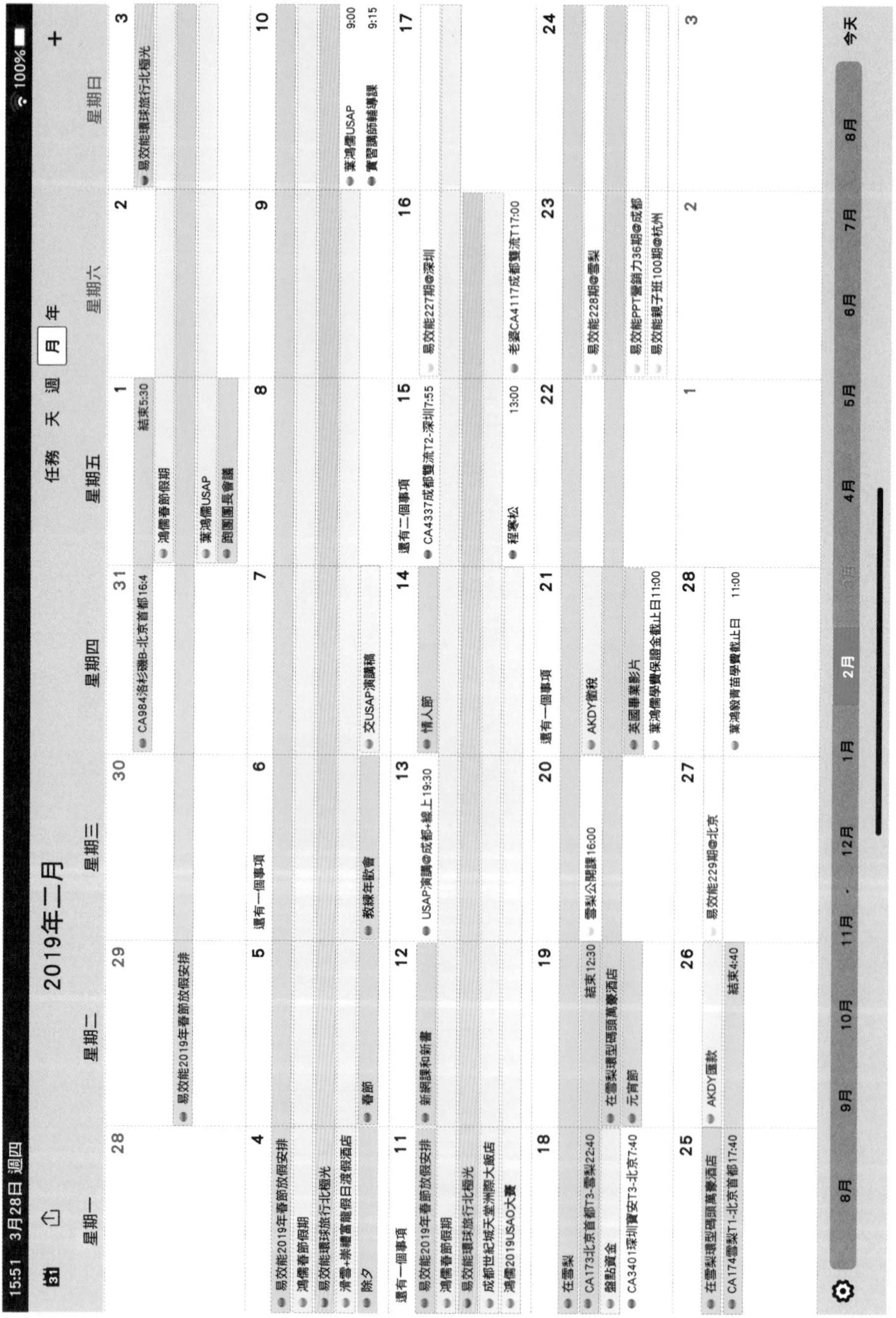

2019年二月
星期一
星期二
星期三
星期四
星期五
星期六
星期日
任務
天
週
月
年
易效能2019年春節放假安排
CA984洛杉磯B-北京首都16:4
鴻儒春節假期
萊鴻儒USAP
跑團團長會議
易效能環球旅行北極光
還有一個事項
教練年歡會
交USAP演講稿
春節
除夕
新網課和新書
USAP演講@成都+線上19:30
情人節
CA4337成都雙流T2-深圳7:55
易效能227期@深圳
成都世紀城天堂洲際大飯店
鴻儒2019USAO大賽
程寒松
老婆CA4117成都雙流T17:00
在雪梨
CA173北京首都T3-雪梨22:40
雪梨公開課16:00
AKDY繳稅
易效能228期@雪梨
盤點資金
在雪梨環型碼頭萬豪酒店
元宵節
英國畢業影片
易效能PPT營銷力36期@成都
易效能親子班100期@杭州
CA3401深圳寶安T3-北京7:40
萊鴻儒學費保證金截止日11:00
AKDY匯款
易效能229期@北京
CA174雪梨T1-北京首都17:40
萊鴻毅青苗學費截止日
今天

月表範例一

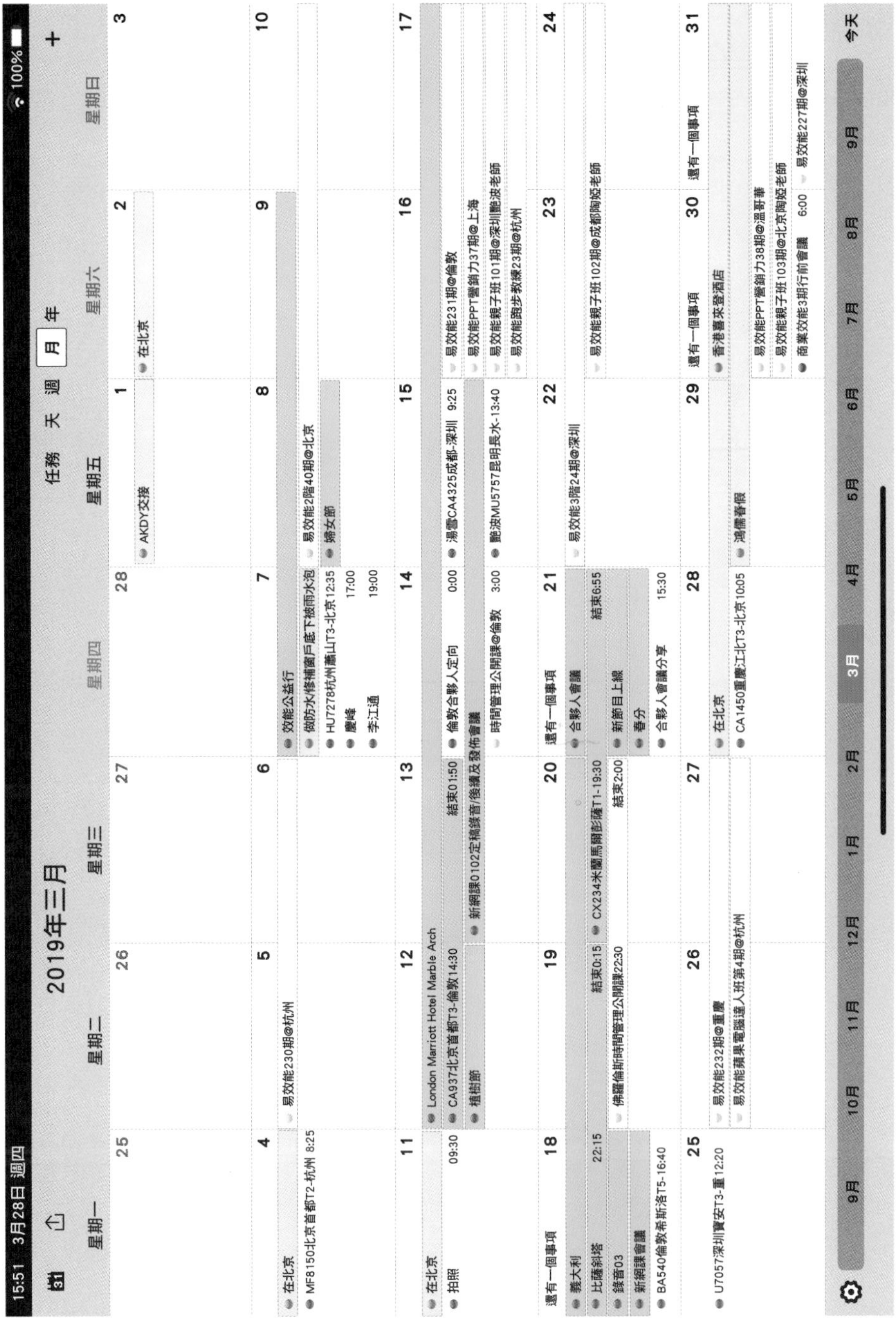
15:51 3月28日 週四
100%
2019年三月
任務 天 週 月 年
星期一 星期二 星期三 星期四 星期五 星期六 星期日
25 26 27 28 1 2 3
AKDY交接
在北京
4 5 6 7 8 9 10
在北京
MF8150北京首都T2-杭州 8:25
易效能230期@杭州
效能公益行
做防水/修補窗戶底下被雨水泡
HU7278杭州蕭山T3-北京 12:35
慶峰 17:00
李江通 19:00
易效能2階40期@北京
婦女節
11 12 13 14 15 16 17
在北京
拍照 09:30
London Marriott Hotel Marble Arch
CA937北京首都T3-倫敦14:30
結束01:50
植樹節
新網課0102定稿錄音/後續及發佈會議
倫敦合夥人定向 0:00
時間管理公開課@倫敦 3:00
湯雲CA4325成都-深圳 9:25
艷波MU5757昆明長水-13:40
易效能231期@倫敦
易效能PPT營銷力37期@上海
易效能親子班101期@深圳艷波老師
易效能跑步教練23期@杭州
18 19 20 21 22 23 24
還有一個事項
義大利
比薩斜塔 22:15
錄音03
新網課會議
BA540倫敦希斯洛T5-16:40
結束0:15
佛羅倫斯時間管理公開課22:30
CX234米蘭馬爾彭薩T1-19:30
結束2:00
還有一個事項
合夥人會議
結束6:55
新節目上線
春分
合夥人會議分享 15:30
易效能3階24期@深圳
易效能親子班102期@成都陶鋐老師
25 26 27 28 29 30 31
U7057深圳寶安T3-重 12:20
易效能232期@重慶
易效能蘋果電腦達人班第4期@杭州
在北京
CA1450重慶江北T3-北京 10:05
鴻儒春假
還有一個事項
香港喜來登酒店
易效能PPT營銷力38期@溫哥華
易效能親子班103期@北京陶鋐老師
商業效能3期行前會議 6:00
易效能227期@深圳
還有一個事項
9月 10月 11月 12月 1月 2月 3月 4月 5月 6月 7月 8月 9月
今天

月表範例二

導航。

就以二〇一九年二月和三月為例，見月表範例圖。

二月有春節，兩個孩子也放假，於是我安排了滑雪，以及陪大兒子鴻儒準備USAP比賽。假期的安排我會寫在「家庭事務」這個分類裡，並且標成藍色。除了休假我還要工作，因為二月是全國春節放假的特殊時期，於是這個月我只安排了三期線下活動，深圳、雪梨和北京，像這種活動事件，我習慣把它標記成金黃色。

三、週表

我除了陪家人、開課和旅行，同時還要管理公司、審批檔案、錄製節目、學習成長等，於是週表承接每月表上的內容，同時留出時間給近期事件做更精細的安排，這就是週表的價值！

這個週表可以幫助我們完美地掌控未來一週的事件，它能讓我們詳細地安排好每一天要事的同時，還能給予我們相對寬闊的視角。

以我三月的兩週為例，從三月十一日到二十五日。參見下面三月十一日至十七日週表（表中時間是英國倫敦時區）、三月十八日至二十四日週表（表中時間是義大利羅馬時區）。附圖（見下頁週表範例圖）提供電子行事曆截圖，其中第二週還提供紙本行事曆範例圖。

這期間我去倫敦、佛羅倫斯和深圳講課。除了演講、坐飛機、旅行遊玩，還要在三月二十一日上線首發《葉武濱時間管理九段》課程節目。

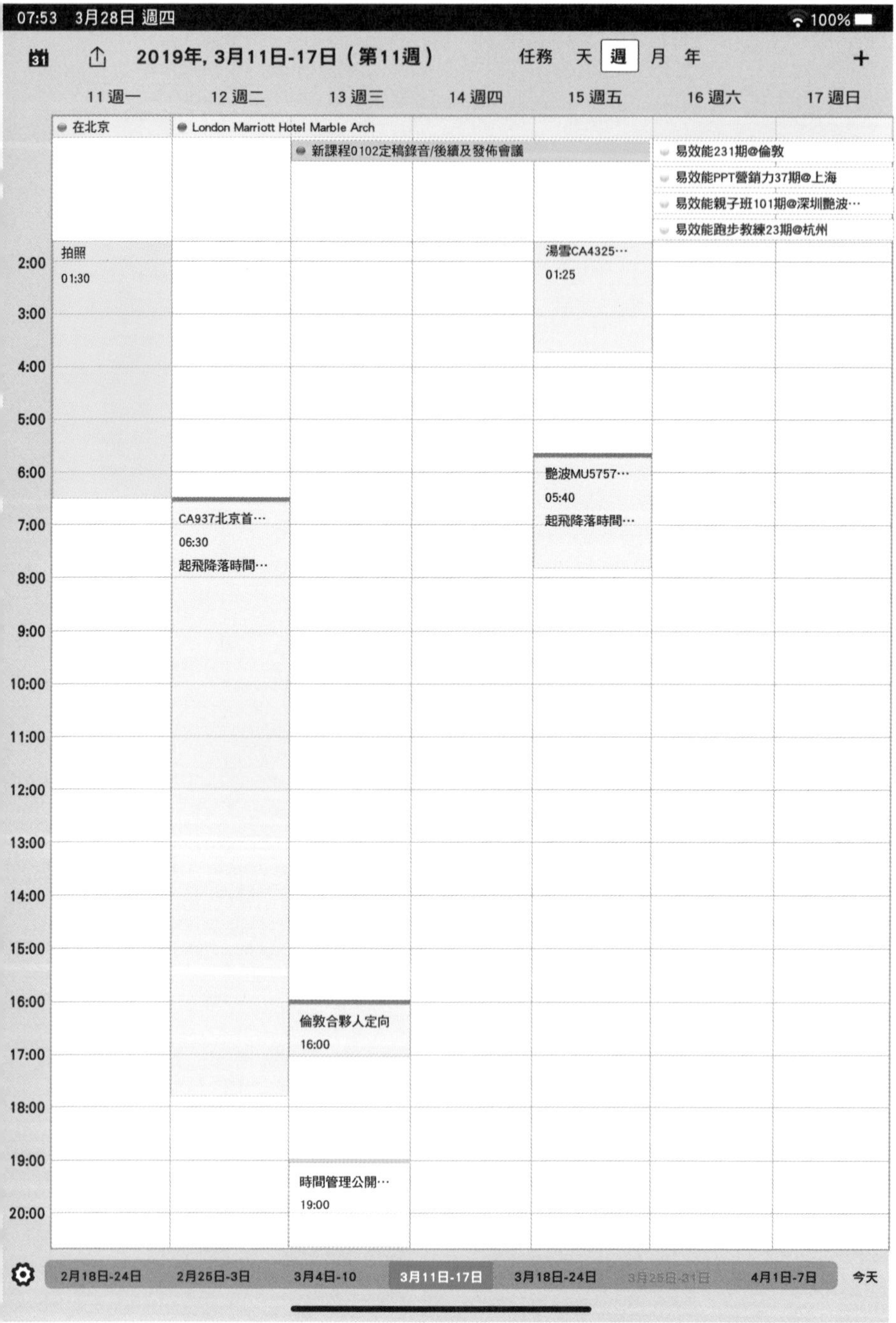
07:53 3月28日 週四
100%
2019年, 3月11日-17日（第11週）
任務
天
週
月
年
+
11 週一
12 週二
13 週三
14 週四
15 週五
16 週六
17 週日
在北京
London Marriott Hotel Marble Arch
新課程0102定稿錄音/後續及發佈會議
易效能231期@倫敦
易效能PPT營銷力37期@上海
易效能親子班101期@深圳艷波…
易效能跑步教練23期@杭州
拍照
01:30
湯雪CA4325…
01:25
艷波MU5757…
05:40
起飛降落時間…
CA937北京首…
06:30
起飛降落時間…
倫敦合夥人定向
16:00
時間管理公開…
19:00
2:00
3:00
4:00
5:00
6:00
7:00
8:00
9:00
10:00
11:00
12:00
13:00
14:00
15:00
16:00
17:00
18:00
19:00
20:00
2月18日-24日
2月25日-3日
3月4日-10
3月11日-17日
3月18日-24日
3月25日-31日
4月1日-7日
今天

週表範例一

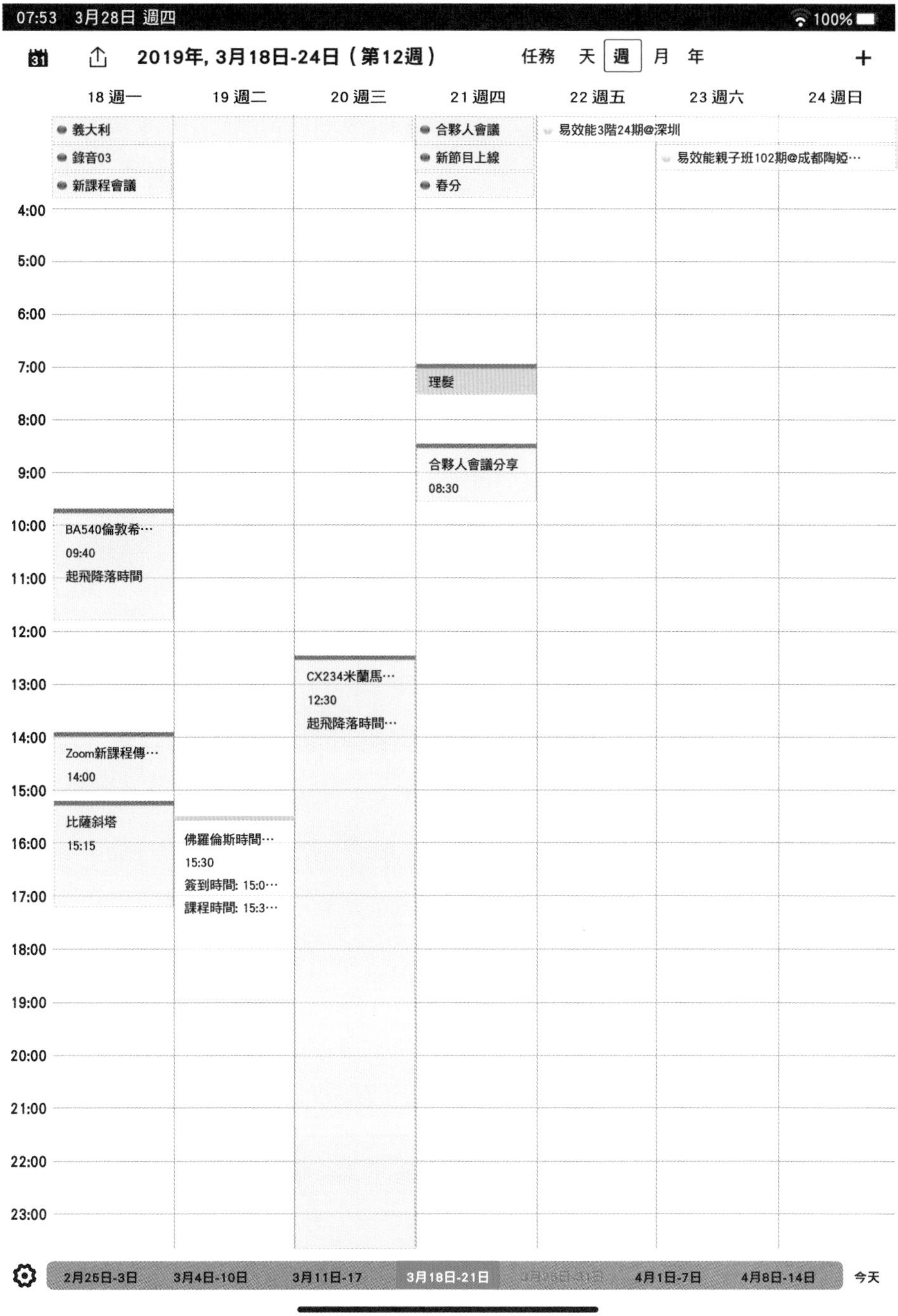
07:53 3月28日 週四
100%
2019年, 3月18日-24日（第12週）
任務 天 週 月 年
18 週一
19 週二
20 週三
21 週四
22 週五
23 週六
24 週日
義大利
錄音03
新課程會議
合夥人會議
新節目上線
春分
易效能3階24期@深圳
易效能親子班102期@成都陶婭…
理髮
合夥人會議分享
08:30
BA540倫敦希…
09:40
起飛降落時間
CX234米蘭馬…
12:30
起飛降落時間…
Zoom新課程傳…
14:00
比薩斜塔
15:15
佛羅倫斯時間…
15:30
簽到時間: 15:0…
課程時間: 15:3…
2月25日-3日
3月4日-10日
3月11日-17
3月18日-21日
4月1日-7日
4月8日-14日
今天

週表範例二

易效能®週表

家庭　出差旅遊　私人事務　工作　自定義　自定義

葉武濱老師金句：人生不在於做多少事，
而在於把重要的事優先做、專注做、做到極致。

3月	18 星期一	19 星期二	20 星期三	21 星期四	22 星期五	23 星期六	24 星期日
全天事件	義大利開課	義大利開課	義大利開課	合夥人會議 新節目上線 春分	易效能®3階24期@深圳	易效能®3階24期@深圳	易效能®3階24期@深圳
5							
6							
7				理髮			
8				8:30合夥人分享			
上午 9							
10	09:40–11:50 BA540倫敦希洛 斯T5–博洛尼亞						
11							
12			12:30–18:00 CX234 本薩T1–香港T1				
13							
14	Zoom新網課會議						
15		15:30–18:00 佛羅倫斯 時間管理公開課					
下午 16	比薩斜塔						
17							
18							
19							
20							
晚上 21							
22							

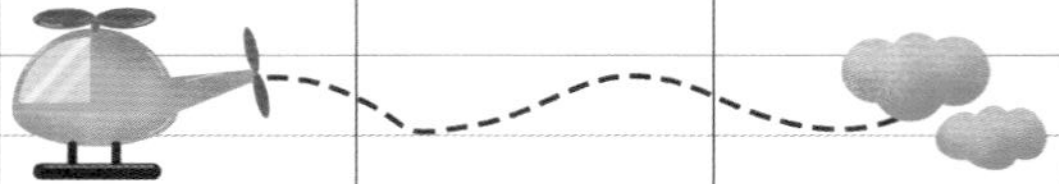

週表範例三

詳細看這兩週，我有四個活動，分別是：

三月十三日，倫敦兩小時的公開演講；

十六日至十七日，週末全天正式一階時間管理講授；

十九日，佛羅倫斯兩小時公開演講；

二十二日至二十四日，週末三天全天深圳三階時間管理講授。

四個活動都是提前三個月就排好的，這就是我這兩週在這三地出差的原因，同時這也是我必須完成的固定日程。所有的高效背後都是精打細算，這樣才能從容不迫。

於是，我十一日下午十四點三十分從北京起飛，十二日十七點三十分抵達倫敦，與北京時差八個小時。那麼在這兩週，在二十一日節目上線之前，十三、十六、十七日這三天要講課，十八到二十四日幾乎都在路上和講課。這樣算下來，我有十四、十五日兩個全天，以及十三日的部分時間是空閒的。我查看了一下我的彈性清單系統，要做的事情很多：錄製網課、倫敦看演出、逛博物館、與倫敦的朋友見面等等。

其中錄製網課是我今年的重要事件之一，以六種語言全球發布是我的目標。

因此我最後決定，十三到十五日這兩天半的閒置時間，除了講課以及非常有必要的與當地合作夥伴的簡短會議、好好休息、好好吃飯、適度運動之外，我哪兒也不去，推遲所有其他事務，集中精力，把定在二十一日春分這天要上線的新課程的前三課內容反覆打磨，並提前安排後續的課程，修改稿件，然後錄製。這就是優先做對人生產生積極影響的事情。

週表很好地幫助我一目了然地掌控一到兩週的固定日程，同時還可以靈活地安排好自己的彈性事件，把重要的事務摘要出來提前做。

使用紙本工具的好處顯而易見，一目了然、容易上手，年表和週表為主，月表為輔助。初學者，會感覺紙本系統的表格比較多。我建議，一事表用兩週的時間，就升級為一日表。

行事曆用年表和週表。這樣三張表解決問題。在第四章結束時，我提供週表和一日表的整合版本，這樣就剩下兩張表。

紙本表格的弊端也非常明顯，容易散落丟失，不能與他人即時共用資訊。所以，當大家能夠將理念掌握後，我還是建議你升級自己的工具。電子行事曆可以完美並自動呈現年、月、週、日檢視，非常完美。

升級你自己的電子行事曆

我將對蘋果手機、安卓、Windows 系統裡的行事曆工具分別進行介紹。

一、蘋果手機系統附帶的雲端同步行事曆和配合使用的獨立 App：Calendars 5。

如果你用的是蘋果手機，我建議你一定要下載這個 App，它有免費版和收費版。

蘋果手機系統附帶的雲端同步行事曆最有價值的功能，是資料的同步、共用和備份功能。

在蘋果手機的行事曆上，我會把不同的事件分類共用給不同的相關人士，這個功能很好地保證了資訊的即時共用，以及確保與此類事件無關的人不會被打擾。例如：家庭事件，就只需要共用給自己的家人，同事就不會接收到此類資訊；工作事件，也只需共用給自己的同事，家人就不會受到這類資訊的打擾。

自己同一帳號下的所有設備，也能實現資訊同步共用，這種多設備、多螢幕的資料共用，是它的又一大優勢功能。它還能進行App之間的資訊讀取共用，有時候我們會覺得手動輸入行事曆資訊很麻煩，其實基於軟體之間的資料共用，很多行事曆事件是可以系統自動加入的。例如：航班App上的航班資訊就可以自動同步到你的行事曆上，並轉移到相應的細緻分類下，相關人士可以瞬間收到，不需要郵件或Line發來發去。

蘋果手機行事曆上的備註功能也非常好用。它不僅可以輸入文字內容，還可以添加訪問連結！如果你輸入了地點，還可以同步到你的其他設備，比如蘋果手錶上，這樣就能直接被地圖讀取開啟導航，實在是太方便了。

二、如果你是安卓系統的使用者，除了手機附帶的行事曆，如Google行事曆，我另外推薦SOL行事曆，SOL行事曆有一大亮點——能夠實現安卓與蘋果手機系統的行事曆同步。

比如我除了有Macbook、iPad、兩部iPhone，以及一個Apple watch之外，

還有一部華為手機，行事曆資訊能夠在雙系統多設備間同步，實在是太讚了。

三、利用 Outlook 信箱實現三大系統同步。你可以註冊 Outlook 信箱，然後在蘋果手機、安卓和 Windows 系統上進行設置。

| 第四章 |

彈性清單事件：
條件具備時，提前整批盡快完成

寫稿的此刻是四月二日。我在手錶上設定了二十五分鐘開始計時。上週四、五和家人在北京，週六全家飛去香港辦事情，上週日我飛往大阪，下午舉辦公開演講。此刻我經東京飛往墨爾本，週四在墨爾本舉辦時間管理公開演講活動，週末是墨爾本一階二三三期。

以上是日程事件，都是在某年某月某日或某時的必做項目，我都會記錄在日曆上，同時一一分類、並備註具體時間和地點。此刻在手機上打開我的日曆，可以看到團隊和家庭的安排，一翻就是一個月，實在是方便。在利用時間的可能性上給予自己一個更廣泛的視角，凡事提前，才能做到抓大放小。

你是否開始這麼做了？你是否開始記錄並粗略安排你陪伴家人的時間、旅行的時間、重要的工作日程了呢？你只要一段段升級，一段段訓練多次，必有大的收穫，新手切勿好高騖遠，我們要腳踏實地，反覆練習。

言歸正傳，在固定日程之外是彈性清單，這是本章、也就是「時間管理九段」第四段的核心。

按部就班地推進並完成日程事件，在上一章提及的兩週日程裡，我其實還見縫插針地做了很多彈性事務。《與成功有約：高效能人士的七個習慣》作者史蒂芬．柯維的比喻很棒：在時間的容器裡，要先放入幾個高爾夫球，然後放入大石子、小石子、沙子，再灌入水。高爾夫球指的是人生重要夢想、目標、健康、事業、財富和專案等等，以後會涉及；日程事件是大石子，彈性清單是小石子。

為了舉例，我把小石子列出來，附上隨時記錄的彙整清單：

新課程修改稿件
錄音第五課
全家香港改機票
全家香港改酒店
與日本開課公司簽約
給太太訂車回深圳
美國開課場地

佛羅倫斯第二場公開演講
看櫻花
和朋友吃頓美食
回覆智慧鬧鐘合約
九段課程英文翻譯團隊
落實新課程大咖見證
拍照
海外開課規則會議
與鄧亞萍團隊溝通直播活動
香港小兒子換證件
汽車上保險
家裡修防水
家裡買家具
買磁鐵地球儀

公司擴展辦公室

測試止鼾器

測試抗噪耳機

了解孩子學習情況

商業效能 PPT 更新安排

外出剪髮

乾洗襯衣

要求財務整理近期報銷

讓鴻儒統計每天回家後的時間花費

購買 Homekit 門鎖

隨時記錄的叫作雜事，這個定義來自 GTD 理念提出者大衛·艾倫，他說「雜事不能夠管理，能夠管理的是行動」，上述羅列雜項的方式，是很多人經常使用的形式，但其實這不是我們最終的事件執行形式。

那究竟什麼才是最終的執行方式呢？接著就來解決這個問題。

其實上一章的日曆系統和本章的彈性清單系統，在利用時間的可能性上屬於同一範疇，都是我們用來管理近期兩週內的事務。

與日曆上的固定日程不同，彈性清單是用來管理需要在兩週內靈活地根據時間、空間、自己的精力和他人的配合狀況，來一批批完成或委託給他人處理的事件，這類事件只要時機與條件允許，就要選擇將其中重要緊急的盡快完成。

舉個例子，你可以在剛剛舉例的清單中看到，修改稿件就是我的當務之急，而且是在當前情境下可以執行的一項彈性事務。

其實，從剛才打開印象筆記、調出本篇稿件修改到這裡，第一個二十五分鐘計時器就響了，我簡單瀏覽了以上的內容，然後五分鐘的休息時間裡，我閉目養神，還去了洗手間。現在開始第二個二十五分鐘計時。我是在智慧型手錶上設置了日曆和計時器，給大家看看介面（見手錶介面圖）。

手錶介面，中間是日曆，左下是今天的目的地墨爾本時間（與雪梨時區一致），中下是計時器，右下是錄音鍵。可以看到，我此刻是在飛往墨爾本的飛機上，卷軸可以看到進度。今天幾乎算是包機，機艙內很空。所以我將一個座位用來工作，另一個座位放平，方便休息一下。

我打算一直以「255高能要事」的方式工作到墨爾本。高能是因為我上飛機前先睡足吃飽了，也不能再睡了，因為晚上到墨爾本還要以當地時間入睡。要事是完成固定日程之後，要盡快完成的事情。寫稿是我本週的要事，因此在飛機上第一時間就開始寫稿。

因此，我根據事件的重要程度進行排序執行，先完成重要的，然後是次要的。承諾一定在某時完成的是日曆事件，

智慧型手錶日曆和計時器介面

這種事件相對較少，完成後可以做更多的彈性清單事件。

如果剛開始你還沒有把日曆用好，那麼我不建議你直接開始用彈性清單，因為你很可能用著用著，就掉進了「今日待辦」的陷阱裡去。

所謂今日待辦，是在你的心裡，一開始就預設必須要今天完成的事情，我稱之為進入「時間流」，這是壓力的來源。如果你沒有深刻理解二八法則裡關於只做、先做要事就會產生十六倍效能的信念，事務繁多，就會蠟燭兩頭燒，一天下來必然做不完，你會失去自信，覺得做計畫沒用，形成焦慮的惡性循環。

解決的方法是擴展視角到兩週，一定要先用好日曆，然後才是彈性清單。這叫「保持嚴謹而不失彈性」。每兩週為一個週期是我的習慣，有足夠的提前彈性，你可以根據自己的實際情況來修改週期長短。

什麼叫封閉循環系統？

想要在一個期間提高效率，你還需要用流程來管理自己的事件，第一、第二段位的執行流程被我簡化了，便於初學者上手，就叫作 ABC 類事項。其實這個流程是：記錄—排程—執行，是我們經典的執行封閉循環系統。關於這節我主要講兩個部分的內容：一、記錄—排程—執行系統；二、「T/STEP」執行法則。

一、記錄—排程—執行系統

這是一個封閉循環循環系統，你可以先執行，再記錄，然後排程；或者先記錄，再排程，最後執行。

舉例：如果你現在正在做一件事，突然有一個意外事件發生，這時你就可以做好記錄，然後繼續專注執行計畫內的事務，等完成後，再來看所記錄的事務，並把它進行排程成為計畫。

執行，強調的是執行計畫內事務，活在當下，實現高能要事。

記錄，是為了排除干擾。

排程，則是分清輕重緩急，以便於制定計畫。

為什麼流程裡要有記錄這一環節？因為用腦記不如好好做筆記。大腦的特性，總結來說，想法無窮，注意力有限，容易遺忘，需要反覆才能牢記。而遺忘會令我們產生焦慮，因此，需要靠外在工具來記錄，以便排除未完成事務對大腦的干擾。

有內部和外部的干擾，要隨時記錄、主動一批批記錄，這裡把握四個原則：一切、快速、手邊、可靠。即把一切事務趕出大腦，大腦是 CPU（中央處理器）不是硬碟；要快速地記錄而不是花很長時間去記錄，這樣就能專注於當下了，即使是整批事務也要快速記錄；手邊要有工具，且工具要可靠並熟練掌握，紙筆雖然方便但不好攜帶，電子工具比較好，備忘錄、各類清單App，甚至錄音功能的使用，比如智慧型手錶。初期可以使用紙筆，在我提供的ABC255工作法表格、一日五色工作法表，以及本節提供的範本中的B區C區，就是用來記錄的。

每天早晚必須抽出時間做反思計畫，進行排程，清空你的事件收件匣（事務的記錄器，在此統稱收件匣）。當你有空時，就可以排程。排程的目的是做減法、分類，形成計畫內的固定日程和彈性清單。核心祕訣是：三問、四D、兩分類。

三問的核心是運用全腦規畫法（見圖），即右腦想像和左腦思考的能力，對一件事情進行分解、轉為行動。這個方法非常重要，有助於對重要事務進行篩選並形成大腦的深刻記憶。

第一問：要不要做？回答是不做的刪除，暫時不做的推遲；回答是「要做」的進行第二問：想像中的成果會是怎麼樣？第三問：我第一步要做什麼？往往簡單的第一步有助於事情被拖延者推進，不用全部都列出來，對於拖延者來說，列出來那麼多不執行沒有意義。如果是高效的執行者，可以全

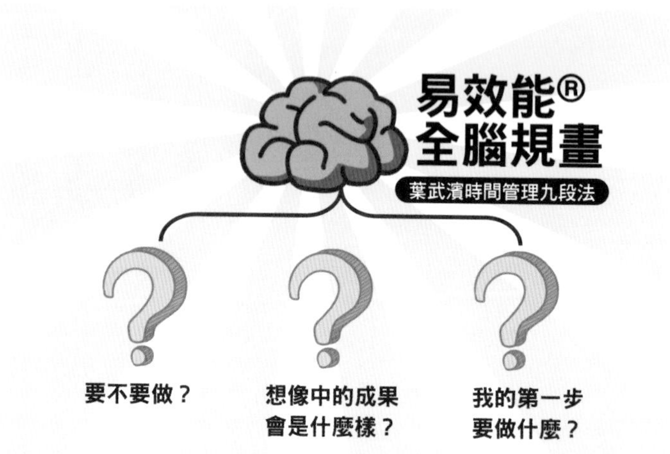
易效能®
全腦規畫
葉武濱時間管理九段法
要不要做？
想像中的成果
會是什麼樣？
我的第一步
要做什麼？

全腦規畫法

部列出來，這樣的方法多用在大事情如專案上。把一件雜事轉換為行動，比如，記錄的雜事「上保險」，轉換為行動，就是「我打電話給李經理諮詢保險價格」。

四D就是刪除（Delete）、推遲（Delay）、委託（Delegate）、做（Do）。基於二八法則，聚焦才會產生更大的效能。排程則是刪除一部分，推遲一部分，委託一部分。留下來的就是既重要又緊急的事件，或者把重要不緊急的轉化為重要緊急的事件，統稱就是計畫內要執行的事件。這裡的緊急是計畫內緊急，和之前計畫外緊急B類事件不是一回事。

所謂的兩分類，是指計畫內事務，再分解進入日曆事件和彈性清單事件。重點是放棄不重要的，推遲相對重要的。舉個例子，多年前有員工和我說，某某大企業願意按人頭付費請我做內部訓練，我拒絕了。因為我的人生使命是影響一億人，我尋找的是願意主動付費來學的，不是老闆付款、員工被動來學的。只有主動來學的學習效果最好，我也便於檢驗成果。即便是內訓的學員可以學習得很好，那下一步呢，繼續做內訓？然後我就成為內訓講師啦，這不是我想要的。我當時就下決心只做面對社會大眾的諮詢輔導，因為傳播面廣，影響力大。

那麼接下來就進入了「執行」層面，在執行的過程中我們會有兩種事：計畫內和計畫外。

計畫內重要緊急的就是原先定好的日曆事件，無論如何我們首先要保證完成它；再來就是不受時間嚴格約束的事件，相對不緊急可以適度靈活推後、也可以提前完成的彈性清單事件，也就是我在上一章中講到的「超車

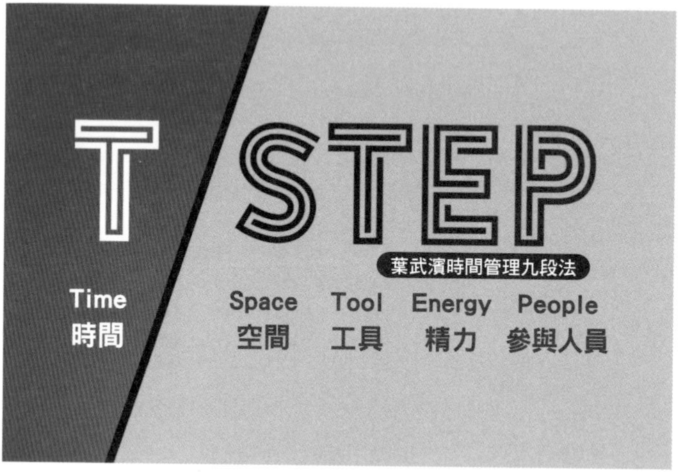

T/STEP 圖

道」。

計畫外緊急就是突發狀況，這類事件的處理就需要用到我們之前提到過的、專門為它留出的「空白時間」。

二、「T/STEP」標籤和彈性清單

中國典籍中記載，制勝的要訣是順勢而為，掌控時機，要有天時、地利、人和，翻譯成現代執行語言就是：在對的時間、對的空間，做對的事。這套與之相應的執行法則叫「T/STEP」

（見圖），其中：

第一個T，是Time的首字母，代表時間；

S，是Space的首字母，代表空間；

T，是Tool的首字母，代表工具；

E，是Energy的首字母，代表精力和能量；

P，是People的首字母，代表自我和他人，一件事情的參與人員。

只有當我們能感知到自己身處的情境，才能感覺自己真切地活在當下，同時完成相應可以完成的事務。

例如坐飛機有時候會遇上航班延誤，在外用餐時等菜上桌，或者需要等人，這些突然空出來的時間，我就可以做各種各樣的安排。例如休息片刻，或者拿出書閱讀幾頁，當然我還可以翻出自己的電話清單，打幾通安排好的重要緊急電話，或者發動態和朋友們互動一下。

所以你會發現，在不同的時間、空間，運用你現有的工具，根據你當下的精力狀態，有些事你可以做，有些事你就做不了，就像精力狀態好時，你可以給別人撥一個電話，商討一些事務，但如果手機沒電或者訊號不好時，你就只能閉目養神，或者安靜地看一會兒書了。

彈性清單上的事件有一定的靈活性，但我還是建議大家要養成「條件具備時凡事提前整批盡快完成」的好習慣，記住這個原則，好處實在太多。就以我訂機票為例：一般我的機票會提前一到二個月就訂好，這樣做有四個明顯的好處：有票、便宜、了卻一件心事、可整批操作。

再舉一個例子，我經常過安檢，需要買一個不會被拖壞的彈道尼龍包，比如TUMI包，我不是很著急，因此將這件事加入清單：

買TUMI包@香港

去年有一次在香港轉機時，我發現那裡的TUMI店正在裝修，沒買成，那時我料想要再來香港，得過一段時間，因此我修改清單為：

買 TUMI包@香港倫敦雪梨紐約溫哥華

新增的這些地方都可以買，和日期沒關係，碰到就買。後來，我就在溫哥華買到了，彈性清單上打勾完成。

「T/STEP」法則，其中T優先順序最高，就是日曆事件。如果T優先順序下降，STEP要素建構的就是彈性清單。我們不要讓過多的事務進入時間流，即安排時間要求嚴格的事務成為日曆事件，要盡可能運用「STEP」標籤法安排事務。

按照這個原則，你要把彈性清單進一步按照STEP來分解，具體可以分解為各種子清單，例如分為S空間類：在家、辦公室、外出。我經常搭乘國際航班往返，去旅行或工作，因此還會建立常去地的清單，如外出北京、深圳、倫敦、雪梨等等。例如，當我在北京時，有朋友約我去她墨爾本的家。

我就寫上：

白金卡 jasmin 見面 @墨爾本

到墨爾本之前，提前和對方確定，然後就可以轉化並記錄為日曆事件。當然並不是所有的彈性事件都要轉化，有的直接就可以完成。

T工具類：智慧型設備，包括電腦、智慧型手機可以處理的事務，還有最常用的電話清單；E：精力或能量，分為高能和低精力；P：委託等待，可以進一步按委託人來劃分的子清單。值得注意的是，STEP標籤是多維度的，目的是分類和方便執行時查閱。一件事情可以多個標籤，這也是核心祕訣。

組織歸納整理，可以大大提升效率

為了便於你理解，我把開篇的事務，全部轉為彈性子清單供你參考。當然如此系統複雜的分類，不適合初學者。初學者不分類或者暫時接受不完美，當你的段位提升之後，就可以逐步完善，實現「日理萬機」。

清單系統便於管理多標籤事務，紙本系統可以按照本文的羅列法或者模版中的表格法來呈現。這裡使用羅列法。對照上面列出的雜事，你會發現這些事務被轉化為行動格式，並按照STEP子類別歸類，記錄時主語往往省略。

新課程修改稿件第五課 @智慧型設備

錄音第五課 @智慧型設備 @高能

~~給太太訂車回深圳 @智慧型設備~~

~~買磁鐵地球儀做禮物@智慧型設備~~

~~與×××團隊溝通直播活動@電話~~

~~全家香港行程改機票提前一天@電話~~

~~全家香港行程改酒店提前一天@電話~~

~~要求財務整理近期報銷@電話@委託佘婷婷~~

~~聯繫九段節目英文翻譯團隊@電話~~

~~落實新課程大咖見證錄音@電話~~

~~商業效能PPT更新安排@電話~~

~~公司擴展辦公室@委託劉水巴~~

~~把公司鴻儒的畫寄回北京參展@委託劉水巴~~

~~把澳洲電話卡、新信用卡帶到杜拜@委託劉水巴@杜拜~~

~~購買第四代止鼾眼罩帶到杜拜@委託劉水巴@杜拜~~

購買homekit門鎖並安排安裝@委託劉水巴

研究最新智慧控制@智慧型設備

購買智慧型設備並測試@電話@劉水巴

由本公司簽約@委託亞亞

美國活動場地@委託亞亞

確定佛羅倫斯第二場公開課@委託亞亞

回覆智慧型鬧鐘合約@委託李國棟

香港小兒子換證件預約@委託太太和香港朋友

汽車保險@電話@委託太太

家裡修防水@委託太太

家裡買家俱@委託太太

蜂巢取快遞@電話@委託太太

打電話乾洗襯衣@電話@在家@委託阿姨

~~大阪十日遊京都看櫻花@日曆四月十日~~

~~海外活動規則會議@日曆~~

~~和朋友吃頓美食@日曆四月十日~~

~~讓員工安排拍照@外出北京@電話~~

~~外出剪髮@外出~~

~~測試止鼾器@在家~~

~~測試抗噪耳機@在家~~

根據成績單和孩子溝通提升之處@在家

讓鴻儒統計每天回家後的時間花在哪裡@在家

我一一列出來，大家看看，是不是整齊多了，如果你用表格填寫，就可以按照STEP子類別歸類排序，例如電話清單，有空就打了。

~~全家香港行程改機票提前一天@電話~~

~~全家香港行程改酒店提前一天@電話~~

~~要求財務整理近期報銷@電話~~

~~聯繫九段節目英文翻譯團隊@電話~~

~~落實新課程大咖見證@電話~~

~~與×××團隊溝通直播活動@電話~~

~~商業效能PPT更新安排@電話@張萍~~

~~購買智慧型設備並測試@電話@劉永巴~~

~~汽車保險@電話@委託太太~~

~~蜂巢取快遞@電話@委託太太~~

其實截至目前，以上大部分事務，我都在去機場的路上、旅行路上、等人期間完成了。畫線的部分就是已完成的。

你可能會發現，大量的事件被我委託了。是的，你要慢慢把自己的事務通過專業的團隊、協力廠商的外包專業化完成。千萬不要說，沒有資源和金錢可以雇傭外包，管理很難，不如自己做。你無法專業地做好每一件事情，但你可以組合所有優勢去完成一件事情，然後把創造的價值分配給相應的環節。也不要說，你沒有那麼多的事情，你可以挑戰更大的目標，同時把現有的事情做到極致。

同時，不要忘記與家人建立良好的情感，發揮彼此優勢、相互委託，家更是一個團隊，而且是人生最重要的團隊。我非常感謝我有可以照顧好自己的父母、一位好太太和逐步自立的兩個孩子，以及我可靠的團隊。

即使可以委託與管理，一切的前提仍是記錄與清晰的排程。

通過三個封閉循環流程「記錄—排程—執行」來處理大量事務，關鍵核心是執行時，先做計畫內，留白計畫外緊急，即「做A推遲B記錄C」。

記錄是為了清空大腦和排除干擾，早晚排程運用三問、四D和兩大分類思維，進行計畫內安排。到了「時間管理九段」的第四段，A類事件就分為兩大類即A1日曆和A2彈性清單。從此你的效能高速公路分為中間車道A1固定日程，時間到了按部就班進行；左邊超車道A2彈性清單，條件具備時凡事提前整批盡快完成；右邊緊急車道留白預防 B 類事件。

實踐一：A4紙工作法應用與解析

清單工具同樣給大家推薦兩種：紙本的A4紙工作法、電子工具蘋果系統的OmniFocus以及安卓系統的奇妙清單。

首先，我們來講講A4紙工作法3.0，如圖。

每週事件的表格，包含一張「時間管理九段」第三段的日曆週表，另一張是第四段的彈性清單A4紙工作法3.0。可以把這兩張表在同一張紙的正反面列印出來。本章節後，附上融合週表和一日五色表的五色週表作為正面，A4紙工作法3.0作為反面，注意列印方向和翻轉方向一致。嚴謹的做法，是日程和彈性清單兩張表要分開！因為日程事件是按照時間流進行的，每週進行歸檔；彈性清單按照實際情景進行，並不是一週用一張，而是寫不下就補充新的一張，全部做完就歸檔。

在A4紙工作表3.0彈性清單中，最左邊的是收件匣，記錄C類事件。

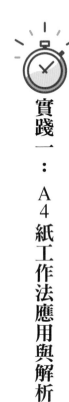

A4 紙工作法 3.0 解析

「A4 紙工作法」承接月表內容，對接兩週內的彈性事件。
執行時，要先看週表完成日曆事件後，再看 A4 紙工作法。
彈性事件不一定要馬上完成，而是要根據 STEP 狀態靈活、整批完成或委託。
且不侷限在今天二十四小時裡，今天做不了，明天做也行。
只要符合時機與條件，盡早完成。

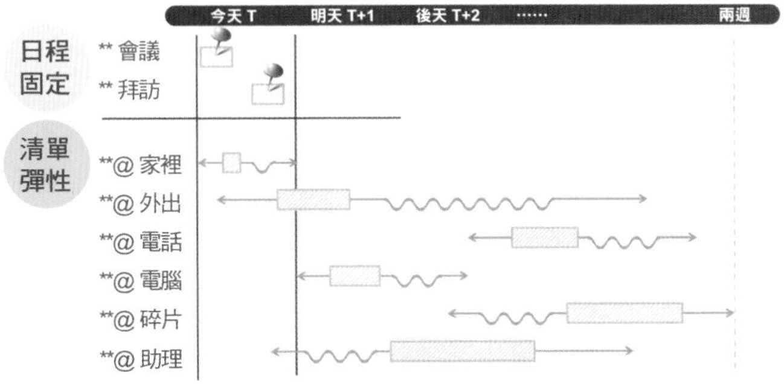

STEP 分別是空間 Space、工具 Tool、精力能量 Energy 和他人配合 People 的首字母縮寫，即「天時、地利、人和」，在對的時間，對的空間，與對的人做對的事。日曆事件是按照時間流進行，每週進行歸檔。彈性事件是按照實際情景進行，並不是一週用一張，而是寫完就補充一張新的，全部做完歸檔。綠色時間往往對應的是彈性事件。

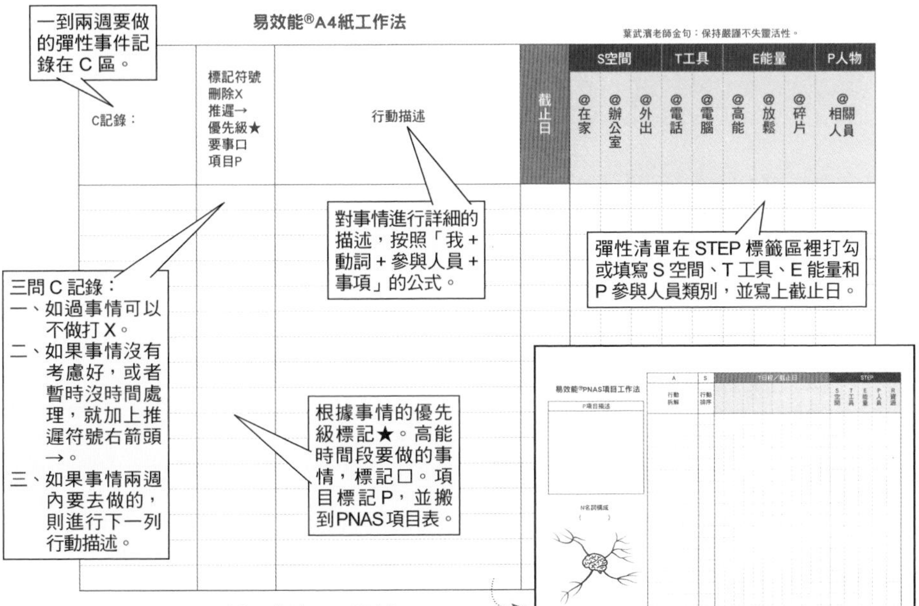

A4 紙工作法 3.0 解析

收件匣與行動描述之間還有一列，是標記符號。

結合全腦規畫法的三問，如果這件事情是可以刪除的，就在這個序列中打個×，如果這件事還沒有考慮好，或者暫時沒時間管它，就加上推遲的符號右箭頭（→）。

如果這件事情是重要緊急、需要馬上做的，我們進入下一列「行動描述」，對事項要進行更為詳細的描述，按照「我＋動詞＋參與人員＋事項」的公式進行描述。根據分類，分別填入「日曆週表」或「彈性清單」中。日曆事件和彈性清單是「或」的關係，即這件事不是日曆事件就是彈性事件。

如果一件事情是日曆事件，就寫在日曆中。A4紙3.0版上的事件，你可以對事情進行編碼備註，進入日曆週表，省去抄寫的環節。如果是彈性清單，就在STEP標籤區裡面打勾或填寫資訊，我們提供了常見的S空間、T工具、E能量和P參與人員類別的常見細分。如果這件事一定要截止某天前完成的話，進行相應的備註。最後，如果這件事非常重要，我們在標記符號這一列標記上★；如果是高能期間要做的事情，我們標記□，需要在五色日表中去完成；後面我們還會講到專案，如果是專案事項，則可以標記 P，然後用專案 A4 紙工作法。

以上步驟就是記錄和排程，記錄我們隨時做或者整批做，排程一天早或晚各做一次。執行時，先看日曆，完成日曆事件後，再根據實際情境在彈性清單中找事情做。

建議你拿到這個 3.0 模版後列印出來，先嘗試使用三個月。

其次，對電子工具做個說明，我推薦：蘋果平台的 OmniFocus 和安卓平台的奇妙清單，當然還有很多類似工具。工具不是主角，它只是我們用來落實時間管理理念的必要組成部分，所以我希望大家在使用的過程中，對工具不熟悉的朋友，可以先用紙本系統。

易效能®A4紙工作法

葉武濱老師金句：保持嚴謹不失靈活性。

C紀錄：	標記符號 刪除X 推遲→ 優先級★ 要事口 項目P	行動描述	截止日	S空間			T工具		E能量			P人物
				@在家	@辦公室	@外出	@電話	@電腦	@高能	@放鬆	@碎片	@相關人員
新課程修改稿件	□	修改新課程稿件第五課	3.13					✓	✓			
錄音新課	□	錄音第五課	3.14						✓			
給太太訂車		給太太訂車回深圳					✓				✓	
地球儀禮物		買地球儀做禮物				✓						
鄧總團隊合作		與鄧總團隊溝通直播課程										
財務報銷		委託財務整理近期的報銷					✓					余婷婷
九段英文翻譯		聯繫九段課程英文翻譯團隊					✓					陳棠團隊
新課大咖見證		落實新課程大咖見證錄音	3.14				✓					
商業效應PPT	★	聯繫商業效能PPT更新					✓					Sophie老師
公司擴辦公室	P	委託永巴擴展公司辦公室					✓					
日本開課簽約		委託亞亞日本開課公司簽約					✓					
買家具		委託太太給家裡買家具		✓								
乾洗襯衣		委託阿姨乾洗襯衣										
拍照		委託員工安排拍照										丁山
溝通孩子成績		根據成績單和孩子溝通提升之處		✓			✓					
回覆智能型鬧鐘合約	→	委託李國棟回覆智慧鬧鐘合約										

A4 紙工作法範例

實踐二：五色週表應用與解析

五色週表（見圖）融合了日曆週表、一日五色表和 A4 紙工作法的各種特點。

運用這個週表，你能夠輕鬆掌控一週內的事件，從掌控一天過渡到輕鬆執行一到兩週的計畫，穩步提升計畫力、執行力、反思力。

五色週表有正反兩面，一週只用一張表。

那麼五色週表究竟應該怎麼填呢？

我會先把這一週有明確起始截止時間的固定日程，填寫在週表上面的全天事件或是對應時段中。比如，五月二十八、二十九日我在深圳有兩個全天的線下活動，於是二十七日早班飛機我從杭州飛往深圳。這個固定日程是與工作相關的，因此我用綠色筆將整個格子塗滿。

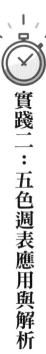

接下來，我會把這一週計畫要做的彈性事件記錄到 C 區。

並且對記錄下來的事件進行三問，如果這件事是可以不做的，就在這個序列中打個×；

如果這件事我還沒有考慮好，或者暫時沒時間管它，就在這個序列中打個右箭頭符號，表示推遲；

如果這件事是重要緊急事件、需要馬上處理，則進入對它做「行動描述」的步驟，對它進行更為詳細的描述，套用公式「我＋動詞＋參與人員＋事項」進行描述。需要注意的是：日曆事件和彈性清單事件是「或」的關係，一件事情，它如果不是日曆事件，就一定是彈性清單事件；如果彈性事件轉化為明確時間的日曆事件，為了減少抄寫，也可以在事件前面加上編碼，如 a01，然後在日曆表中，填寫編碼。

經過判斷，確認這是一個彈性清單事件，我就會在 A4 紙工作法的 STEP 標籤區進行打勾或填寫 S 空間、T 工具、E 能量和 P 參與人員的具體資訊，並給這件事寫上一個截止日。寫完之後，根據事情的優先順序別，

五色週表解析

它融合一事專注、一日五色法、週表和 A4 工作法，分正反兩面。
反面其實就是 A4 工作法 3.0。

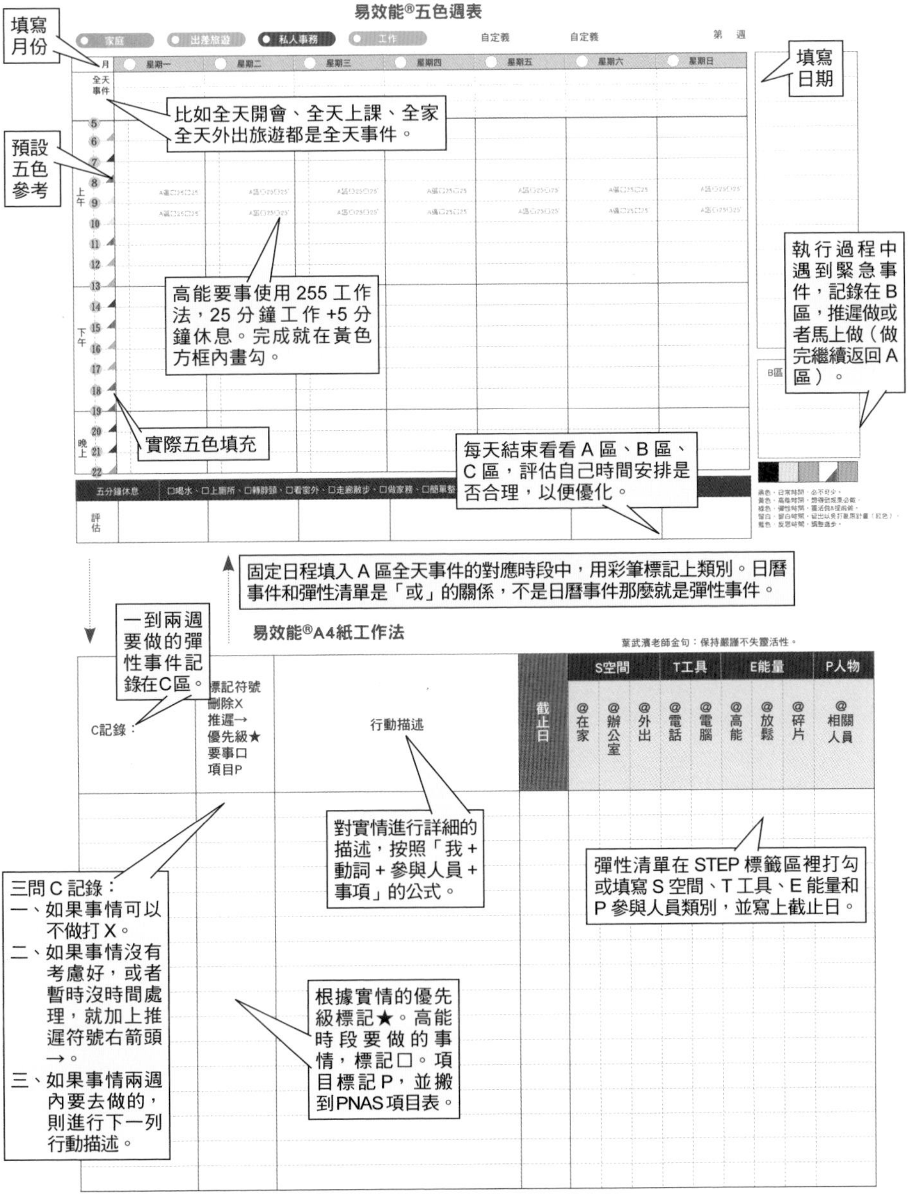
易效能®五色週表
填寫月份
家庭
出差旅遊
私人事務
工作
自定義
自定義
第 週
星期一
星期二
星期三
星期四
星期五
星期六
星期日
填寫日期
全天事件
比如全天開會、全天上課、全家全天外出旅遊都是全天事件。
預設五色參考
上午
下午
晚上
高能要事使用 255 工作法，25 分鐘工作 +5 分鐘休息。完成就在黃色方框內畫勾。
執行過程中遇到緊急事件，記錄在 B 區，推遲做或者馬上做（做完繼續返回 A 區）。
B區
實際五色填充
每天結束看看 A 區、B 區、C 區，評估自己時間安排是否合理，以便優化。
五分鐘休息
評估
固定日程填入 A 區全天事件的對應時段中，用彩筆標記上類別。日曆事件和彈性清單是「或」的關係，不是日曆事件那麼就是彈性事件。
易效能®A4紙工作法
葉武濱老師金句：保持嚴謹不失靈活性。
一到兩週要做的彈性事件記錄在C區。
C記錄：
標記符號
刪除X
推遲→
優先級★
要事口
項目P
行動描述
截止日
S空間
T工具
E能量
P人物
@在家
@辦公室
@外出
@電話
@電腦
@高能
@放鬆
@碎片
@相關人員
對實情進行詳細的描述，按照「我 + 動詞 + 參與人員 + 事項」的公式。
彈性清單在 STEP 標籤區裡打勾或填寫 S 空間、T 工具、E 能量和 P 參與人員類別，並寫上截止日。
三問 C 記錄：
一、如果事情可以不做打 X。
二、如果事情沒有考慮好，或者暫時沒時間處理，就加上推遲符號右箭頭→。
三、如果事情兩週內要去做的，則進行下一列行動描述。
根據實情的優先級標記★。高能時段要做的事情，標記口。項目標記 P，並搬到PNAS項目表。

五色週表解析

我會標上★，如果是需要高能狀態下做的事情，我會標記□。標記好之後，我會再把它填入五色週表中的A區，用彩筆在格子的左側畫上黃色。

在五色週表的A區，我還會將一週的休息、反思、計畫時間提前標記出來，把人生中必不可少的日常時間、反思時間都預留出來，避免把時間安排得太滿而沒有了生活和反思。

這樣做完之後，這一週每天清晨醒來，我都會把這張週表拿出來看看，確認自己今天要完成的日程事件和彈性事件有哪些。

另外，在做高能要事的時候，同樣使用255工作法，也就是二十五分鐘工作＋五分鐘休息的節奏，張弛有度。並且用黃色彩筆把這件事所占時段和所用時長標記出來。

在行動的過程中，我們還可能會受到來自大腦內部或外部環境的干擾，這時我會把它先記錄在C區，等做完了A區事件後再去處理它。當然也有一些突發狀況是必須立刻停下手上的工作，馬上去處理的，對於這類緊急事件，我會先把它記錄在B區，然後立刻處理它，完成它之後再回頭處理A

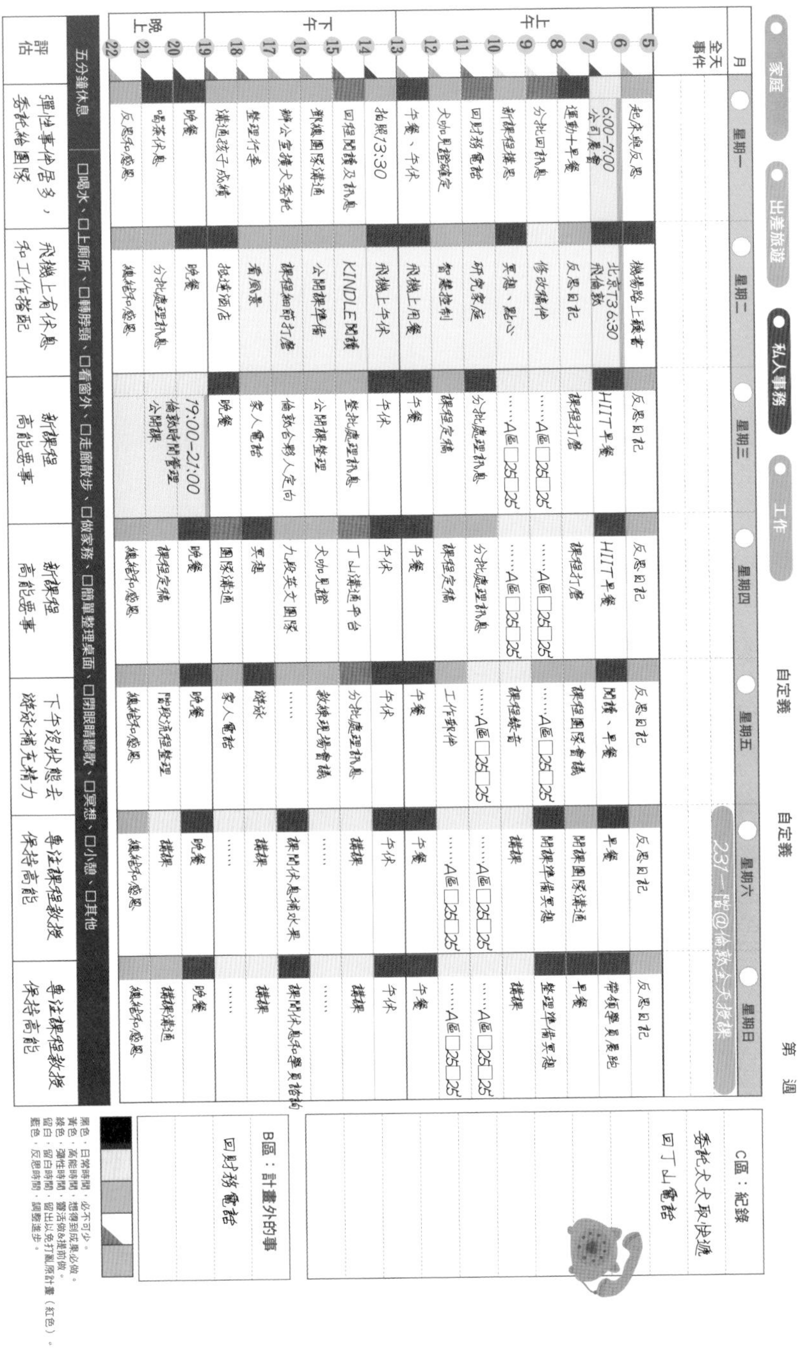
易效能®五色週表
家庭
出差旅遊
私人事務
工作
自定義
自定義
第　週
月
星期一
星期二
星期三
星期四
星期五
星期六
星期日
全天事件
231一階@倫敦全天授課
上午
下午
晚上
星期一：起床與反思／6:00–7:00 公司晨會／運動＋早餐／分批回訊息／新課程構思／回財務電話／大咖見證確定／午餐、午休／拍照13:30／回程閱讀及訊息／郵總團隊溝通／辦公室擴大委託／整理行李／溝通孩子成績／晚餐／喝茶休息／反思和感恩
星期二：機場路上聽書／北京T3 6:30 飛倫敦／反思日記／修改稿件／冥想、點心／研究家庭／智慧控制／飛機上用餐／飛機上午休／KINDLE閱讀／公開課準備／課程細節打磨／看風景／抵達酒店／晚餐／分批處理訊息／總結和感恩
星期三：反思日記／HIIT早餐／課程打磨／……A區□25□25′／……A區□25□25′／分批處理訊息／課程定稿／午餐／午休／整批處理訊息／公開課整理／倫敦合夥人定向／家人電話／晚餐／19:00–21:00 倫敦時間管理公開課
星期四：反思日記／HIIT早餐／課程打磨／……A區□25□25′／……A區□25□25′／分批處理訊息／課程定稿／午餐／午休／丁山溝通平台／大咖見證／九段英文團隊／冥想／團隊溝通／晚餐／課程定稿／總結和感恩
星期五：反思日記／閱讀、早餐／課程團隊會議／……A區□25□25′／課程錄音／……A區□25□25′／工作郵件／午餐／午休／分批處理訊息／教練現場會議／……／游泳／家人電話／晚餐／階段流程整理／總結和感恩
星期六：反思日記／早餐／開課團隊溝通／開課準備冥想／講課／……A區□25□25′／……A區□25□25′／午餐／午休／講課／……／課間休息補水果／講課／……／晚餐／講課／總結和感恩
星期日：反思日記／帶領學員晨跑／早餐／整理準備冥想／講課／……A區□25□25′／……A區□25□25′／午餐／午休／講課／……／課間休息和學員諮詢／講課／……／晚餐／講課溝通／總結和感恩
五分鐘休息　□喝水、□上廁所、□轉脖頸、□看窗外、□走廊散步、□做家務、□簡單整理桌面、□閉眼睛聽歌、□冥想、□小憩、□其他
評估
彈性事件居多，委託給團隊
飛機上有休息和工作搭配
新課程高能要事
新課程高能要事
下午沒狀態去游泳補充精力
專注課程教授保持高能
專注課程教授保持高能
C區：紀錄
委託太太取快遞
回丁山電話
B區：計畫外的事
回財務電話
黑色，日常時間，必不可少。
黃色，高能時間，想得到成果必做。
綠色，彈性時間，靈活做&提前做。
留白，留白時間，留出以免打亂原計畫（紅色）。
藍色，反思時間，調整進步。

五色週表範例

區裡那些計畫內的重要事件。

當每天結束的時候，我會統觀A區、B區、C區，整體分析自己的時間分布，評估自己的時間安排是否合理，以便在下一週進行優化。

每個人的實際情況不一樣，建議大家透過每天的反思，不斷優化自己的時間使用方式，持續進步！（見五色週表範例圖）

第一模組小結：訓練行動力，請堅守十個原則

在此做第一個模組，即行動力的小結。

首先，行動力是要刻意訓練的，沒有行動力，一切夢想都是空想。無論你測試出自己在第幾段位，要想進一步提升，必須把這個地基打牢固。

要想提升行動力，首先要提高的是對計畫內事件的執行力，循序漸進，從專注一件事到執行兩週的計畫，核心是處理緊急事件和排除外在環境干擾的能力、簡單的計畫力、適度的選擇力。

請堅守十個原則：

一、做A推遲B記錄C，只要不是死人、救火、破產之類的事就堅守A類事件，它會培養你變得更加自信、自律並做出成果。

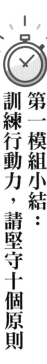

二、完全信任二八法則，選擇少量重要的事件成為A類，為B類留出空白時間。至於什麼是A類，第一步需要靠本能和直覺來判斷。

三、高能時候做A類，特別是腦力勞動，運用 255 間歇工作法。

四、用「一日五色表」安排並在完成時評估一天的時間顏色分布，在我們的範本中有兩列，第一列是計畫預估；第二列是空白，讓你記錄實際的狀況，你可以在早晚，即藍色時間花三十分鐘做這個，然後不斷找到自己的節奏。

五、記住，你的黑色時間非常重要，不是要多，而是要基本保障有序並形成規律。

六、在「時間管理九段」的第一和第二段，只有記錄和執行流程，不需要排程流程。

七、第三段，我們排程主要是為了提升對大事進行提前部署的能力，我們擴展了日曆的視角，從年、月、週、日四個視角展開，電子工具用月表，配合紙本的五色日表格。紙本工具，用年和週表，配合五色日表格。為什麼電子工具和紙本會不同，因為紙本需要記錄翻抄，工作量大，為了減少翻抄，用週表而不用月表。

八、第四段，我們排程中抓住大事之後，需要對大事精細運作，對小事歸納整理分類，重在保障大事被計畫後，還可將它分解為可執行檔小行動，並與小事一起歸納整理分類。A類事件往往會變成A1和A2，即日曆上的固定日程和彈性清單上的事務。

九、對提供的模版我要說明的一點是，你對一段的ABC255表格熟練了以後，就不用了，在五色日表中包含了高能要事的記錄符號，即標記□。一旦形成習慣，五色日表格要和日曆週表、彈性清單為主，並與電子系統配合。

十、如果想進一步知道什麼事務要進入A類，那就要搞懂你的人生方向。我的核心理念「高能要事」有三個維度的含義，要事是什麼？高能做要事！管理自己的能量。什麼是要事？來自你人生的方向，有方向，工作才會有重點，生活才會有節奏。我們在第二模組計畫力部分，即五六七段位來提升你的計畫力，那樣你將如虎添翼。

除了以上十個原則，你還可以進一步修練日反思、週反思和每月反思。如何反思我在後面的章節有詳細解讀。你還可以嘗試早睡早起，過晚十早五的生活，早起後花十五分鐘反思、做計畫。早起、反思、計畫是人生贏家非常重要的習慣，早起安靜，比別人勤奮，讓你有掌控人生的感覺，行動之後反思，再調整計畫，則讓你更容易達成目標。

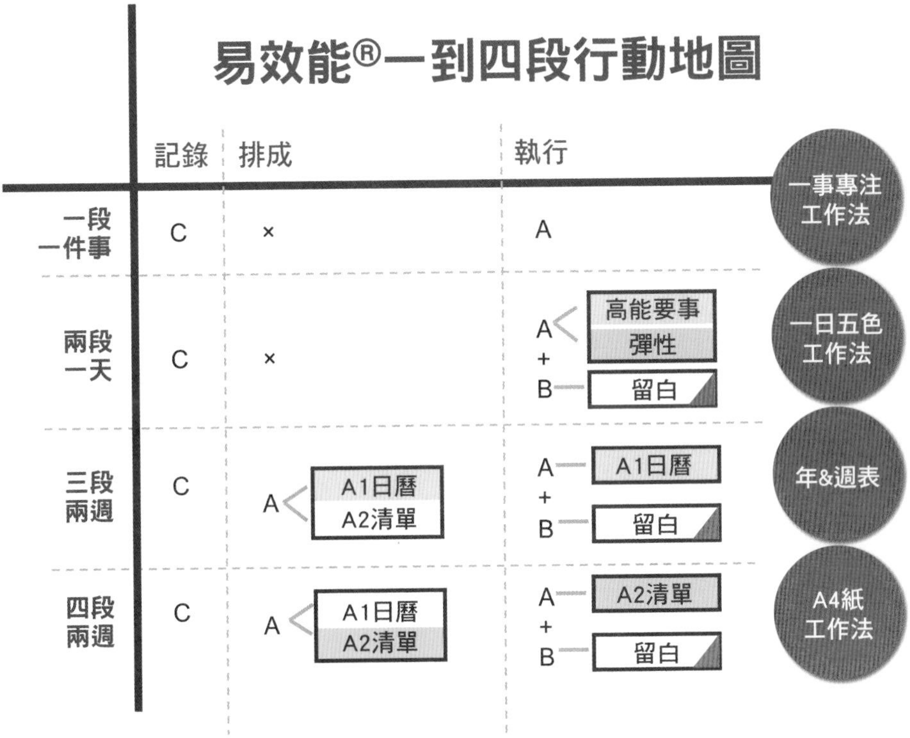

時間管理九段一到四段行動地圖

| 第五章 |

人生就是一個個大計畫項目的疊加，
人人都要成為專案經理

此刻寫稿時，我正在飛往杜拜的飛機上。如果你有用心去實踐本書的理論和方法，用不了兩、三週時間，你的效率一定會有所提升。這也是我看到的反饋，有朋友在實踐一段時間後，再去自我測試段位，發現自己已經從一段跳到了三段，如果你也實踐過，不妨再去測測看。

如果有了留白時間去應對緊急事件，如果能以更高的自制力完成計畫內的事務，緊急事務會越來越少，生活定會一片光明。

截至上一章，我們談完了行動力的內容，這一章開始談計畫。用這些流程和方法整理眼前的一片混亂後，就能擴大眼界，也就有更多的時間和精力去關注更為長遠的事情。

人生必須具備的三力：行動力、計畫力和反思力

沒有行動力，夢想僅止於空想；沒有計畫力，就只會瞎忙一場，辛苦卻成效低；沒有反思力，努力的方向錯了，也就徒勞無功。

當有了執行力以後，我們要進一步關注的不是做事的數量，而是成果。以更長遠的視角，對事情做出選擇，對大事進行分解，對小事依據輕重緩急進行排序。

審視你的目標內容：想像它，命名它，描述它，分解它——拿下它

人的一生其實就是一個個大計畫項目的疊加，人人都要成為專案經理。

計畫項目管理能夠讓我們圍繞目標、結果去做事情，達到事半功倍的效果，也就是所耗更少，效果更好。如果我們能夠不斷地達成一個又一個的計畫項目指標，那麼，我們的人生無疑會有更大的成就。

一、**計畫項目：（圍繞特定成果所採取的一系列行動，包括日程和清單）**

我們工作、生活中有著大大小小的計畫項目，以我為例：

新課程上線

全球二十五個國家和地區的市場拓展

系統研發反覆運算更新

孩子夏令營

搬家

智慧有序樣版空間的建設

公司買新辦公室

家人香港行

新課程翻譯成六國語言

二〇二〇年春節南極活動

……

這些事項很重要，但它們沒有那麼緊急，不需要我在兩週內完成它，也不像夢想之類的目標那樣期限很長，一般是我們三個月內、六個月內，最多一年內需要完成的大事項。

在前面，我們談如何解決一件小事，比如買TUMI包、與朋友見面、買保險、體檢、課程錄音等等。對於長期的、複雜的、重大的事情，我們就需要在計畫項目的範圍裡來統籌管理。這就好比，用一個容器把零散的同類事物裝在一起，便於存放、移動和查找。

因此，我對計畫項目的定義就是：一組為了實現同一個目的而做的行動，是短期完成不了，需要用一段時間、多個步驟才能做完的事。這些事情不簡單，不是某一個行動就能完成的單一日曆和清單事件，而是圍繞特定成果的相互關聯的一系列行動。

在這一章裡，我會教你升級版的計畫項目 PNAS 法則，它在原來的 PAS 法則基礎上，升級了步驟。即描繪畫面 P（Picture），生成名詞 N（Noun），描述行動 A（Activities），找到計畫項目行動的關係並排序 S（Sequence），然後排程進入固定日程和彈性清單中。透過這個方法，你一定能輕鬆搞定計畫項目，做出成果。

規畫時，使用 PNAS，執行時我們還是查看日曆和彈性清單。

二、計畫項目PNAS法則

第一步，想像並描繪計畫項目大功告成的畫面P（Picture）。

二十世紀末義大利帕爾馬大學首先發現了「鏡像神經元」，它能夠像照鏡子一樣，透過內部模仿而辨認出所觀察對象的動作行為的潛在意義，並做出相應的情感反應。

簡單來說，人透過視覺接受外界訊息的過程，就是人們對於外界進行判斷、思考、吸收和反饋的過程，我們可以把它稱為「所見即所得」。

計畫項目PNAS法則第一個步驟，就是想像並描繪計畫項目大功告成的畫面，也就是Picture。想像你想要實現的結果是什麼，想一想那個讓你怦然心動的畫面。成功的畫面能夠讓我們清晰地知道自己將去到哪裡、看到什麼、感受到什麼。它能夠激發我們的內在驅動力和行動力。

大腦中成功的畫面會讓人專注在目標上，不需要靠意志力，而是自動自發地去實現那個畫面。

第二步，要讓畫面成為現實，構成它的要素是什麼？我們要增加一個環節，用具體的名詞，把構成畫面的要素盡可能表達或者排列出來。也就是要把你頭腦中想像的成功畫面裡所有的參與人員、物體和物品，用「名詞」寫下來。用具體的、簡單的、一定數量的名詞，把畫面定格在畫面的「名詞」上。

為了激發你想像出成功畫面的全部，我推薦的工具是思維導圖。無論是紙筆也好，還是思維導圖工具也好，根據想像的畫面，找到合適的表達它們的「名詞」。

比如，你要去看北極光，就想著看到了北極光的畫面。你想到在冬天裡去到挪威，漫天彩色的極光下，你和一幫朋友穿著厚厚的羽絨衣待在一起，冰天雪地裡有人送上熱巧克力，大家興奮地叫著，用單眼相機拍攝極光。

這個畫面裡，有自己和家人、孩子、同伴、護照、簽證、機票、酒店、旅行社、導遊、相機、三腳架、拍極光的方法、羽絨衣、行李、極光觀測地點、旅行車、假期等等名詞。

第三步，根據名詞進行計畫項目行動描述A（Activities）。

根據畫面找到名詞之後，需要結合名詞描述對應的行動。比如簽證，必須擁有挪威簽證才能進入挪威，所以，我們就可以把「簽證」這個名詞，轉化為如何獲得它的行動過程群組，像是辦理歐盟國家簽證，當自己還不知道怎麼辦理時，就轉為「打電話給旅行社諮詢辦理簽證」，如果已經知道如何辦理，就轉為「準備辦理挪威簽證的資料」，甚至細分為多個步驟。

通常我們在描述行動的時候，需要將前面的名詞加入動詞，再描述成為具體的行動，也就是「我＋動詞＋參與人員＋事件」的公式，主語如果是「我」，往往可以省略。描述越具體越好，要具體到一看到這個事件，不需要思考，不需要查找資料（電話號碼、地點等）就可以直接處理。這樣委託起來也會非常方便。

計畫項目與此前講到的日曆和清單事件的不同之處，在於它是多步驟複雜事件，往往包含多個日曆和清單事件。

通常，我們把其中的日曆事件作為計畫項目重要的關鍵點。

我們在前一章講清單的時候，談過STEP標籤法，也就是清單中的行動，需要為它添加S空間、T工具、E能量、P參與人員等標籤。

在計畫項目中，也要加入這類標籤。此外，因為計畫項目有關的行動，包括了更為複雜的範圍，所以要考慮到在行動描述中增加期限、金錢、資源這幾個限制性條件，以便更有助於計畫項目的推進。

第四步，找到計畫項目行動的第一步、第二步、第三步……第N步，這就是找到計畫項目行動各環節的關係並排序，即S（Sequence）。

在計畫項目中，我們需要把清單事件分解成一加一步，逐步推進。天大的事情都能分解為可以操作的許多件小事，每件事對結果的貢獻是不一樣的，有的所需時間長，有的是關鍵點，為了能夠井然有序，就要對事件進行分析排序。

當你站在計畫項目生出成果的範圍內，抓住關鍵事務一一去完成，你就會得到良好回饋。不斷得到這樣的正向回饋，就會促使你不斷地去行動。

同時，當你在計畫項目不斷推進的過程中，隨著對計畫項目管理有了越來越多的研究與探索，能夠對計畫項目計畫做持續的更新，也就能做得越來越好。

很多時候我們覺得大計畫項目很難推進，是因為它僅停留在我們的大腦中，既沒有畫面，又沒有可以執行的具體行動，也沒有對行動步驟的排序，因此，它被覺得實現無望的我們拖延了。

當你使用 PNAS 法則去操作一個計畫項目的時候，你就會發現，只要你開始了，就一定能夠逐步實現它。

三、計畫項目實例

以我們製作今年的新課程為例吧。

透過事前想像，我在大腦中建立了成功的畫面：課程如期上線，有差異化，對大家有實際幫助，可以獲得新舊聽眾的好評，可以確實有效地一步步指導大家提升，全網全球多語言上線、大賣。

我們可以得到這些名詞：

課程題目、課程簡介、形象照、海報、大咖見證、創意和差異化、稿件、音頻、圖片、範本、多語言翻譯、課程團隊、音頻剪輯外包、配樂、上線時間、上線促銷活動、共用工作空間……

把這些想到的、「看見」的名詞都先記下來，甚至可以和團隊一起腦力激盪，越多越好。

接下來，需要為這些名詞進行行動的描述，這時候不考慮順序，比如：

組建課程團隊

內容研發團隊腦力激盪新創意

建立印象筆記共享筆記本

寫出第一版簡章

整理課程目錄

撰寫前三篇稿件

撰寫測試題
羅列可能的大咖見證
確認音頻剪輯外包團隊
研究解決錄音音質問題
尋找發布平台
簽訂發布協定
確定上線時間
尋找攝影師確定拍照
尋找翻譯外包團隊
……

對於這些事件，根據具體的行動描述進行排序，找到計畫項目行動的第一步、第二步、第三步……第N步，還可以不斷補充、不斷調整事件的執行順序。

春耕秋收，我的新課程最後在三月二十一日春分上線，最終的實際執行情況作為案例提供如下：

日曆事件

~~新課程上線@日曆三月二十一日~~

~~攝影拍照@日曆三月十一日~~

~~新課程0102定稿稿件錄音@日曆三月十三日到十五日~~

~~新課程0103定稿錄音@日曆三月十八日~~

……

彈性清單

~~組建課程團隊@會議~~

~~內容研發團隊腦力激盪新創意@會議~~

~~建立印象筆記共享筆記本@沈以諾~~

~~寫出第一版簡章@張萍~~

~~整理課程目錄@沈以諾~~

~~撰寫前三篇稿件@沈以諾~~

~~撰寫測試題@陳小山~~

~~範本製作@張萍~~

~~找大咖見證@葉武濱~~

~~確認音頻剪輯外包的團隊@王雲霞~~

~~研究解決錄音音質問題@葉武濱~~

~~尋找發布平台@陳小山~~

~~簽訂發布協定@陳小山~~

~~翻譯外包團隊@葉武濱~~

後期還要陸續執行的有如下事件：

新課程稿件撰寫@沈以諾

新課程稿件修改錄音 @葉武濱

新課程翻譯錄音 @陳唐

新課程傳播 @陳丁山

當我以及團隊把以上所有工作逐步推進完成，節目就如期上線，並保持每週更新。

邀請函

你如何擁有這些能力並最終成為人生贏家呢？能力的獲得，就像孩子學鋼琴，指望自學網路課程、看書就會是不太可能的。每一種能力還必須獲得導師和榜樣的指引，還要有圈子共同進步，刻意練習。沒有指導有可能會走彎路，事倍功半。沒有圈子自己探索進步太慢，沒結果，耐心沒了你就不會再繼續了，得不償失。

成為人生贏家不容易，但每一項能力的價值何止十萬、百萬？比如運動、早睡早起、健康飲食的習慣，每一個都可以讓人多活幾年甚至十年。良好的親密關係所帶來的幸福感，無價可以衡量。孩子自律，你何止省心，更重要的是他們的未來會更成功。童年被愛，會讓他們懂得去愛，而你老年的生活會更幸福。每個人都需要一整套管理事務、資訊和物品的系統，讓自己高效率工作，享受慢生活，更快實現人生夢想。

在過去的六年裡，易效能已經在全球許多個國家和地區開設了數百場線下演講活動，有口皆碑。易效能已經成為時間管理領域全球品牌。如果你透過自學很難獲得突破性成長，那麼現在邀請你來易效能的線下活動，一個人或許能走得快，但一群人可以走得更遠。跟同頻的人一起學習交流，有導師、有目標、有反饋……這樣你能更快感受到時間管理足以改變人生的影響力。

線下課現場

課程現場

很多人透過收聽我在喜馬拉雅 App 上的《葉武濱時間管理 100 講》這個節目，開啟了自己的時間管理學習之路。目前這個節目的播放量已經突破了 1.2 億，成為很多人的時間管理啟蒙必修課。如果你才剛剛接觸時間管理，建議你從收聽這個節目開始，一節一個知識點，每節 6 分鐘，一共 100 講，輕鬆好學。

掃描 QR code
進入易效能線下活動
預約報名系統或者來電諮詢
86-4000-999-225

掃描 QR code
進入收聽《葉武濱時間管理 100 講》音頻節目

建立計畫項目並分解成日程和清單，解決遇到的所有重大事件

因此，計畫項目就是基於一個特定的成果，產生的一系列日程與清單事件，匹配相關資源比如金錢、人員的集合。

尤其難能可貴的是，當你能夠完成一個計畫項目，你就能夠掌握處理重大、複雜事情的方法，把它變成簡單的、可分解的、可操作的步驟。把一個相對長期的結果轉為短期可以執行的日程和清單，事情就被推進了。而且這些事情不會那麼緊急，又可以超前部署並逐步完成，你的心情可想而知是喜悅的、充滿成就感的。

你還可以把日常處理的各種事件都進行計畫項目等級的歸類，想在哪個領域做出成果，可以建立計畫項目並分解成為日程和清單。

我會一一為我的計畫項目建立計畫項目清單，包括：

X新課程上線

N南極包船計畫項目

Z總部日常事件

S生活日常事件

G公司軟體開發

X新書籍出版

B搬家

Q汽車事件

G購物清單

Y易效能一階研發

Y易效能二階研發

Y易效能三階研發

Y易效能四階研發

Y易效能澳洲公司事件

Y易效能美國公司事件

Y易效能英國公司事件

J家庭事件

H孩子教育

L旅行酒店航空會員升到頂級

（註：計畫項目名稱前加字母是高階用法。養成這樣的習慣，將來在電子系統中，使用一段時間後，就可以用某字母代替一串文字對多等級標題進行簡化。比如，K在個人的有限文件標題中往往指向單一主題，比如我經常使用K課程作為標題名稱，K就潛移默化自然被記憶為與課程關聯，K就是「課程」的代稱。如K—S商業效能，其中K代表課程，省去寫課程二字，省得輸入，且在檢索的時候，只需輸入K就會顯示，而不用輸入課程，實現一秒搜尋。）

用PNAS計畫項目管理法解決你遇到的所有重大事件！隨著你操作的計畫項目越來越多，你的經驗也就越來越豐富。如果還可以對過往的計畫項目重新演練，進行反思，你還會獲得更高層面的智慧。

至此，你已經擁有最簡單有效的執行系統，包含三個子系統，即固定日曆、彈性清單和計畫項目清單，當你想獲得成果的時候，必須透過執行系統管理並保證日曆事件如期發生、彈性事務靈活推進、計畫項目有序管理來獲得。

計畫項目的程度較高，既包含了執行結果的設想，又包含了執行細節的安排。

總結一下：你的每一天，應用五色表做具體預估和安排，日曆事件首先如期在高能時刻完成，即捍衛A1；如果還有時間，應提前完成彈性事務A2。如果有緊急事件B類，則推後並在留白時間完成。執行時，有其他事務應記錄為C類。

早晚的藍色時間或者專門啟動一個二十五分鐘，用來提前規畫計畫項目，透過PNAS轉為進一步的A1或者A2事件。

最後執行流程可以用公式表示，ABCP，即A1＋A2＋B＋C＋P，見範例圖。

說個小花絮：

順便告訴大家，抵達杜拜時是晚上，我在飛機上睡了午覺，然後醒來用了六個255完成本篇稿件。

在國際航班上，有時我會睡覺，有時我會工作，這取決於抵達目的地時是白天還是晚上。馬上就要在斯里蘭卡的可倫坡轉機了，我有電話清單，當地時間十八點轉機，我計畫在貴賓廳給家裡打個電話，剛好是北京時間二十一點（比北京晚四小時），問問孩子每天的作業時間安排得怎麼樣。

抵達杜拜的時間是二十一點四十分，提前就知道有朋友來接我，明天就是一切就緒的商業效能。為什麼會一切就緒呢？因為前三個月，我們就完整

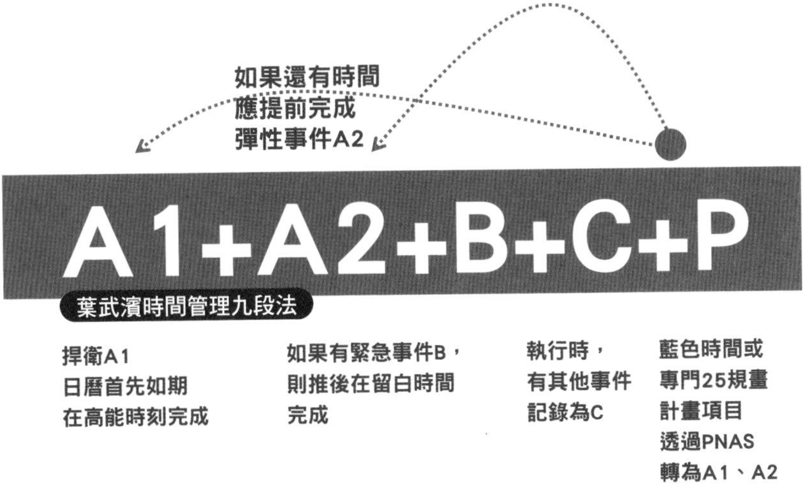
如果還有時間
應提前完成
彈性事件A2
A1+A2+B+C+P
葉武濱時間管理九段法
捍衛A1
日曆首先如期
在高能時刻完成
如果有緊急事件B，
則推後在留白時間
完成
執行時，
有其他事件
記錄為C
藍色時間或
專門25規畫
計畫項目
透過PNAS
轉為A1、A2

ABCP 解析

審視目標內容了，我和團隊早就一一推進了，來自全世界十幾個國家的九十多位同學幾個月前就報名參加，他們對活動非常期待。

人生就是這樣，一步步求得結果，其實你也可以，加油。有機會一定要跟我分享你的進步與收穫，那樣我會很開心。

如果我們能夠這樣一個又一個地不斷完成自己的人生計畫項目，那麼我們的人生無疑會像滾雪球一樣，在長坡道上不斷積累勢能，直至最後的衝刺。規畫時使用 PNAS 法則，執行時查看日曆和彈性清單，用這套系統就能輕鬆搞定計畫項目，做出成果！

實踐：PNAS計畫項目表解析

PNAS計畫項目管理法可以幫助我們有步驟地圍繞結果去行動，達到事半功倍的效果。本章所講的PNAS計畫項目管理法，是為了讓大家快速掌握和應用，我們特地研發出的一張計畫項目工作表（見圖），只要你按照表格的指示進行填空，就能輕鬆管理好自己的計畫項目事件。

下面我仍然用我們製作課程的案例，剖析開來給大家講解，看看如何使用這個表格。

表格分為六個部分，我們在填寫的時候需要按照從左到右、從上到下的順序，依次進行。

首先我們要進行P計畫項目的描述：在這個方格裡你可以描述計畫項目成功的畫面，例如我填寫的新課程上線、全球全網多語言發布、大賣、舊雨新知的好評等等。

PNAS 計畫項目表解析

「PNAS 項目表」對接未來三到六個月的計畫項目，即為了達成某一目標的系列事件。計畫項目往往包含多個日曆事件和清單事件。

PNAS 是指描繪畫面 P（Picture）、生成名詞 N（Noun）、描述行動 A（Activities）、排序 S（Sequence）四個英文單字的首字母縮寫，掌握此表，你就能輕鬆管理好自己的計畫項目事件。

需按照從左到右，從上至下的順序，依次填表——

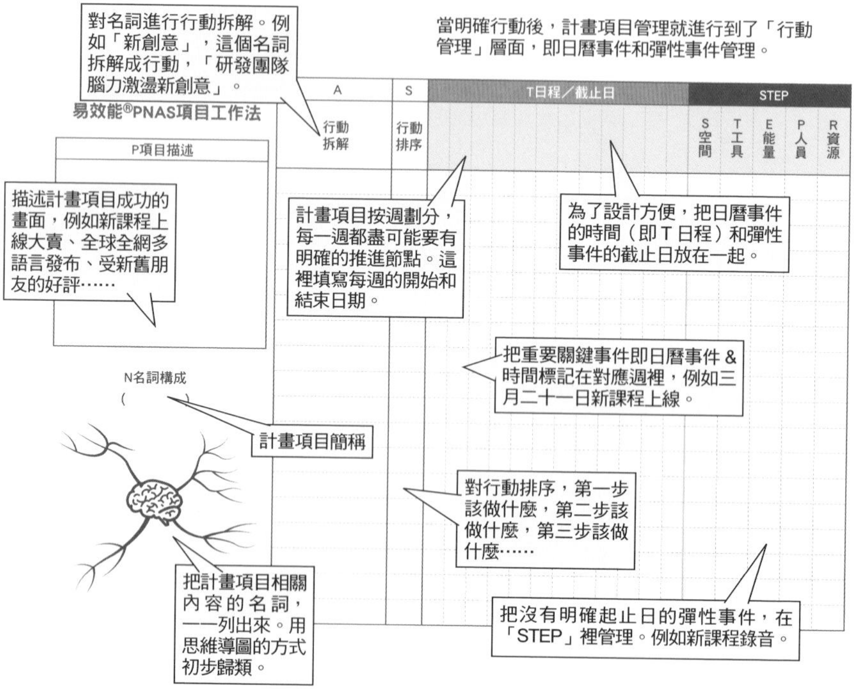

至此你便擁有了世界上最簡單的三個執行系統——

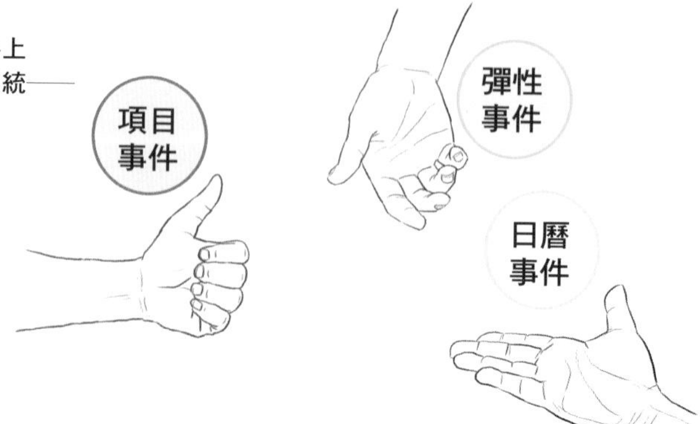

PNAS 項目表解析

N名詞構成：在這個部分我推薦大家使用思維導圖來做記錄，那些能夠把你的夢想場景很好地表達出來的名詞，你要一一將它們寫上。例如在製作這個課程時，我想到的就是：課程簡介、大咖見證、稿件、課程題目、海報、音頻、模版、配樂、形象照等等。

A行動拆解：在這個方格裡，我們就要對前面寫出來的名詞進行行動拆解。例如我就把「新創意」這個名詞拆解成「內容研發團隊腦力激盪新創意」；把「共用空間」拆解成了「建立印象筆記共享筆記本」；把「形象照」拆解成了「在北京拍攝形象照」等等。

S行動排序：當你找出了很多待開展的行動之後，你就要對這些行動進行排序，第一步該做什麼，第二步該做什麼，第三步該做什麼……

而當你明確了解自己將要採取的各種行動之後，那麼我們的計畫項目管理就進入了「行動管理」的層面，這時你就可以把我們前面章節中學到的，固定日程事件管理——日曆的使用方法運用起來，把其中重要事件的重要關鍵點在這個表格中寫下來，例如表格中三月十一日是我專門為這個新課程拍形象照的日子，而三月二十一日就是新課程確定上線的重要日子。

在這裡需要注意的是，大家看頂上黃色格子裡的英文，在計畫項目管理中，計畫項目進度我們可以按週劃分，每一週你都要盡可能地標記出明確的推進關鍵。

最後來到表格的最右邊，也就是我們的「STEP」部分，認真按照我們「時間管理九段」的順序進行學習的朋友，對這個部分一定不陌生，這就是我們前面所講的「彈性清單事件」的管理方法。

這一部分在這個表格中主要對應左邊的「A行動」中的事項，例如「整理課程目錄」這個行動因為沒有明確的、固定的起止日，所以不放入T日程這個領域管理，而是在「STEP」當中來管理它，其中這個行動的主要參與人員是Sophie，我們就把她的名字填入。同理，「撰寫前三篇稿件」這個行動的主要參與人員是沈以諾，我們照舊填上她的名字。

也許一個清單是沒有截止日的，那我們在T日程／截止日下面這一欄是不畫「／」的。時間事件，我們在T日程／截止日裡面需要寫上具體的時間，而STEP的清單，如果有截止日，T日程／截止日下面一欄我們用「／」來表示，但它不一定有截止日，所以也不一定要畫「／」。

我們為了設計得方便一點，把日程和截止日放在了一個表格裡面，一部分代表了日曆的時間，一部分代表了彈性清單的截止時間。

以上就是我們對PNAS計畫項目表的具體運用的解析，你學會了嗎？從計畫項目到行動要經歷六個步驟：想像畫面、提煉名詞、行動描述、行動排序、固定日程管理，還有彈性事件。

當然如果你有時間的話，一定要把你所有的計畫項目列出項目名，最後把重要、緊急、要執行的計畫項目按照以上六個步驟一一拆解。

（範例見圖。表格眾多，建議大家循序漸進地使用，當你已經能熟練掌握這些時間管理知識，最後常用的工具就只有這後面章節裡提到的幾張表格了。）

易效能®PNAS項目工作法

P項目描述

新課程上線、
全球全網多語言發布、
大賣，受新舊朋友的好評
等等。

A	S	T日程／截止日												STEP				
行動拆解	行動排序	2.27	3.1	3.3	3.5	3.7	3.9	3.11	3.13	3.15	3.17	3.19	3.21	S空間	T工具	E能量	P人員	R資源
組建課程團隊	1																	
腦力激盪新創意	2	▬	▬											Zoom				
建立印象筆記共享筆記本	3														電腦			
寫出第一版簡章	5			▬	▬	▬	▬	▬	▬	▬							Sophie	
整理課程目錄	4																以諾	
撰寫前三篇稿件	6			▬	▬	▬	▬	▬	▬	▬							Sophie	
撰寫測試題	7																	
確定上線時間	1												3.21					
羅列可能的大咖見證	8																	喜馬拉雅
確認音頻剪輯外包團隊	10																	
研究解決錄音品質問題	11																	
尋找發布平台	8																丁山	
簽訂發布協定	9							3.11									雲霞	
尋找攝影師確定拍照	10																	
尋找翻譯外包團隊	11																	陳老師

N名詞構成

（ 新課程 ）

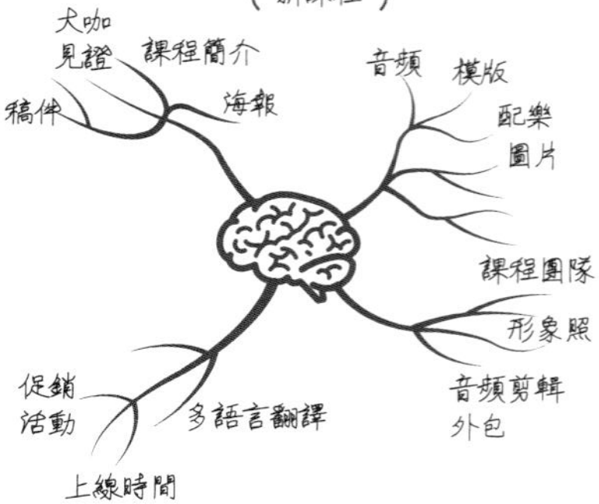

PNAS 計畫項目範例

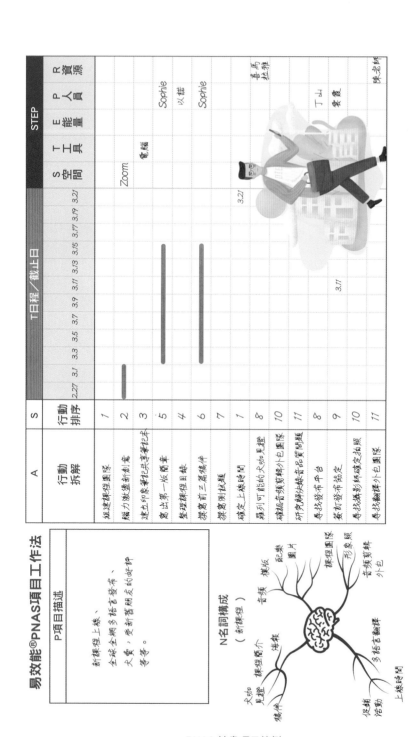

| 第六章 |

「八大關注」，用一年的時間找到你自己的人生成就公式

行動力有了提升，隨之而來的一個陷阱就是變成「老黃牛」——只顧埋頭做事，沒有抬頭看路。

之前有段時間「996ICU」這個話題受到全民熱議。大概講的就是社會上部分企業要求實行這樣的考勤制度：早上九點上班，晚上九點下班，一週工作六天，然後員工累得躺進醫院ICU加護病房，這就是典型「老黃牛」的表現。

先不說這種加班文化嚴重違犯了《勞基法》規定，屬於違法行為，僅是單一地增加勞工工時，就真的能獲得大家想要的工作成果嗎？對此我認為是不可能、不科學的！

整天工作的人，沒有時間賺錢

現在都什麼時代了？還在用工業時代的方法管理員工，落伍又低效。站在人文主義立場，從關注每個人個性發展的角度來談，我同意美國石油大王約翰·洛克斐勒的一個觀點：整天工作的人，沒有時間賺錢。這裡的「錢」代表的是成果之一。我們需要時間來反思自己所做的選擇，然後採取重要行動，這才是取得成果的關鍵。

無論是管理者還是普通員工，我都不支援過「996ICU」這種「拚死」的生活。

那麼如何才能擁有雙贏局面呢？

我認為：提高每個人的時間管理能力，通過提高單位時間的成果產出率，發現、發展、發揮每一個人的優勢，做最擅長的事情，哪怕每天高能要事兩個小時，都比十六個小時裡大部分時間在拖延怠工、混日子、做事不分輕重緩急的工作效率要高得多。

低段位的時間管理者，是管理自己的時間安排，什麼時間應該做什麼事情。

中段位的時間管理者，是提高自己的做事效率，也就是做事情的快慢。

高段位的時間管理者，是提升自己的人生效能。效能就是整體的長期效率，是對在什麼領域出成果的選擇。所以從人生的範圍來看，選擇大於努力。選擇在關鍵領域做出成果，比起遍地開花強太多了。

成功是有公式的

我們用數學方法來分析一下：

一、**成功公式** R＝E×T

在這個成功公式（見圖）中：

成功公式R＝E×T。R是英文Result（產出）的首字母縮寫；E是英文Efficiency（效能）的首字母縮寫；T是英文Time（時間）的首字母縮寫。

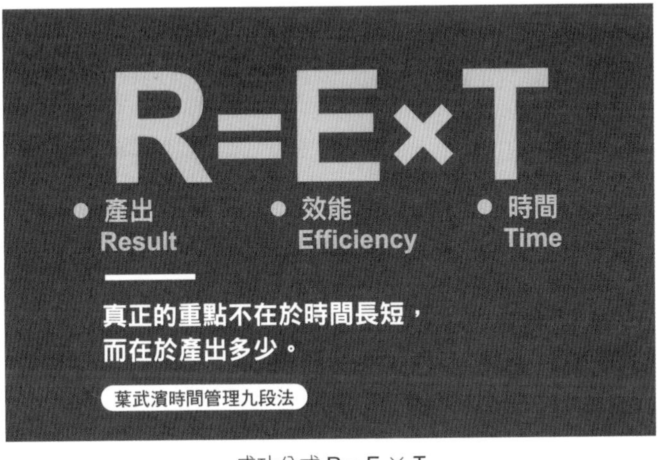

成功公式 R＝E×T

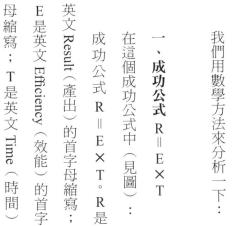

公式$R=E\times T$的意思就是：成果總產出＝效能×總時間，想要提高產出，只關注時間是不行的，效能這個變數也要同樣重視！效能＝成果總產出／總時間，既體現了結果的品質，又關係到所花費的時間。

舉例說明：我們每個人每天都有許多不同類別的事情，有的是想去嘗試，有的是必須完成，有的是重點關注的，有的是可以選擇的。那麼如何正確選擇這些事情呢？

我們把這些事情分別以一、二、三……直到n來表示，然後套用這個公式$R=E\times T$來進行計算。於是就能得出$R_1=E_1\times T_1$，$R_2=E_2\times T_2$，$R_3=E_3\times T_3$，…，$R_n=E_n\times T_n$。

其中E_1、E_2、E_3…E_n，代表的是你做各類事情時不同的效能水準，選擇效能高的事情去做，是提升整體效能的關鍵（見圖）；

T_1、T_2、T_3…T_n代表的是你做不同事情時所花費的不同時長。這裡還有一個特別的生命指數K：你的生命總長度lifetime，即$T=k(T_1+T_2+T_3+\cdots+T_n)$，這裡的變數k是生命指數，透過部分時間的投入獲得身心健康、

$R_1 = E_1 \times T_1$ ⟶ 每一件事情的產出

葉武濱時間管理九段法

$R_2 = E_2 \times T_2$

$R_3 = E_3 \times T_3$

……

$R_n = E_n \times T_n$

$R = R_1 + R_2 + R_3 + \cdots + R_n$ ⟶ 所有產出

$E = E_1 + E_2 + E_3 + \cdots + E_n$ ⟶ 效能水平

$T = K(T_1 + T_2 + T_3 + \cdots + T_n)$ ⟶ 存活壽命

$0 \leq K \leq 1$與吃飯、睡覺、運動等時間相關。

每類事情不同的效能

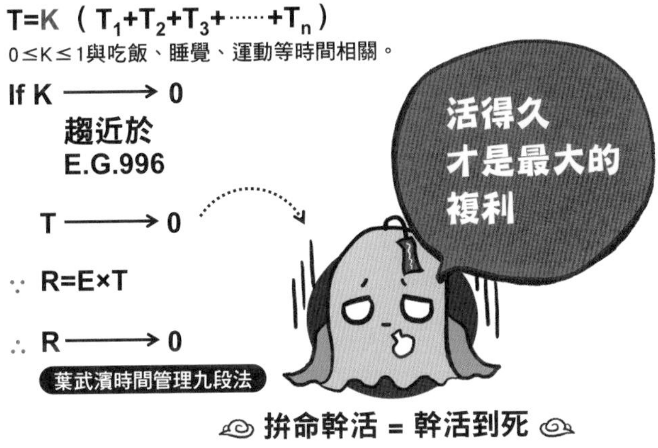

活得久才是最大的複利

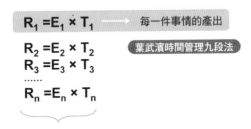

情感關係的和諧等，從而影響生命的長度，你會有更多的時間去拓展生命的寬度，取得更多的成就。

因此，人生必須有必答題，還要盡可能找到自己的優勢，那就是哪個E是最大值，然後在延長生命長度的基礎上，投入相對多的時間，進入到最高效能領域。

這不容易，因為這不是拍腦門決定的，而是要對自己有深層次的認知。

二、打造「八大關注」夢想生態圈

人生成就是從高效能的關鍵領域而來。關鍵領域需要從上面的一、二、三……n件事情中嘗試選擇而來！也就是透過和夢想談戀愛找到最終夢想。

具體步驟就是：

第一步，嘗試與夢想談戀愛！

找一個空白的A4紙或者打開一個空白的電腦文檔，找一個安靜不受打擾的時間段，充分挖掘自己大腦裡的想法，把自己感興趣的、想嘗試的、為了美好生活必須關注的……統統寫下來，建立起自己的「夢想倉庫」。

然後，你可以建立一個三行三列的表格，就是九宮格。除了中間的格子外，在外圈八個格子裡，分別寫上「健康、家庭、效能、財富、事業、旅行、社交、學習」這八大主題，來歸類和選擇重點關注的夢想與目標。等你熟悉這套系統之後，你就可以根據自己的實際需求，在這個基礎上增減修改自己的關注範圍。

然後在一年的時間裡，經常去關注那些你排列在「八大關注」裡的事，它們就像是你的戀愛對象，必要時轉化為行動系統——計畫項目、日曆和彈性清單，去實現它們。

我有一個學員來自台灣，跟我學習時間管理之前性格急躁、愛亂發脾氣，只是女兒最熟悉的陌生人，搬家到蘇州新房子後直接入住，遲遲未裝修。上課之後，用八大關注實現了從健康、家庭、親子、事業、社交的全面重生和逆襲。我可以把他在課堂上寫下的八大關注，給大家看看（見範例圖）。

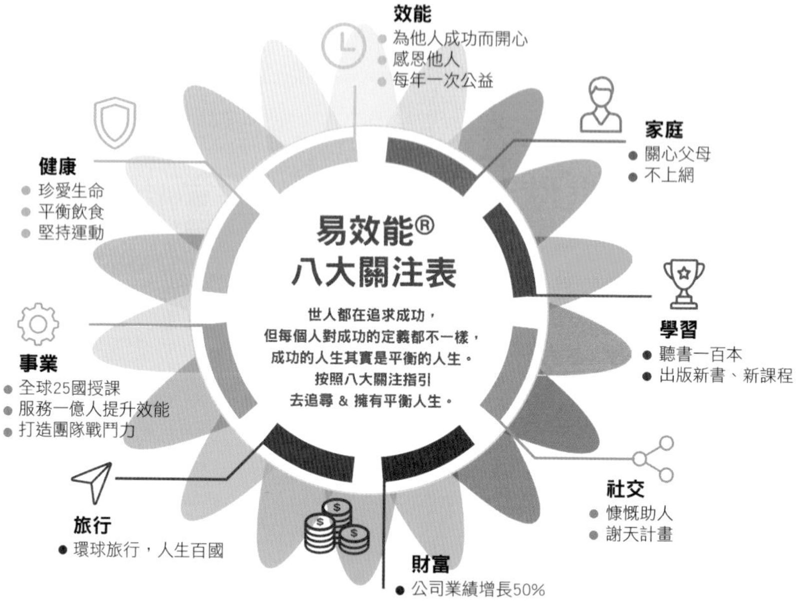
效能
為他人成功而開心
感恩他人
每年一次公益
家庭
關心父母
不上網
學習
聽書一百本
出版新書、新課程
社交
慷慨助人
謝天計畫
財富
公司業績增長50%
旅行
環球旅行，人生百國
事業
全球25國授課
服務一億人提升效能
打造團隊戰鬥力
健康
珍愛生命
平衡飲食
堅持運動
易效能®
八大關注表
世人都在追求成功，
但每個人對成功的定義都不一樣，
成功的人生其實是平衡的人生。
按照八大關注指引
去追尋 & 擁有平衡人生。
八大關注表範例

第二步，找到優勢！

我曾經分享過管理學大師彼得．杜拉克的「回饋分析法」，他說：「人在做重大決定時，最好預期九到十二個月後的結果，然後到期做個比較，實現了，就代表做那些事情就是自己的優勢。」

也就是說，在與戀愛的理想接觸一段時間，通過對E_1、E_2、E_3……E_n進行對比以後，你就能從眾多的戀愛對象中找到自己的「結婚對象」，也就是最高效能領域，這其實也就是自己的優勢與夢想所在。

以我自己為例，十幾年前，我研究時間管理純粹是為了提升自己的做事效率，關注並找到方法，把自己從忙碌的工作中解救出來。但是我在不斷學習並且實踐出有效的方法之後，又把這些方法教給了身邊的朋友，收到了非常多的好評和讚譽。然後在朋友的熱情張羅和推動下，我慢慢開起了時間管理分享會，然後是公開課，接著就是收費活動，以及現在在全球舉辦系列收費服務等等。經過時間的檢驗，我發現自己愈發在時間管理領域有研究的興趣，並且形成自己的優勢，現在還變成了自己想要做一輩子的事業，去服務更多人，讓他們也能過上游刃有餘的生活。這是我親身經歷的從「戀愛對象」成功轉化為「結婚對象」的目標變化過程。

第三步，掌握平衡！

找到關鍵優勢，獲得二八法則帶來的成就，並不是把所有的時間投入其中。此時就要關注維持生命長度的必做事件。

夢想倉庫

——家庭——

[ ] 找男 / 女朋友，認真談一次戀愛
[ ] 結婚
[ ] 生一個混血
[ ] 備孕成功，順利二胎
[ ] 收養一個孩子
[ ] 帶著爸媽去旅行
[ ] 每天不上網一小時陪家人
[ ] 為父母洗腳、按摩
[ ] 送小孩去國際學校
[ ] 每半年給爸爸媽媽做一次全面體檢
[ ] 給爸媽買一套合適養老的鄉間住宅
[ ] 給爸爸過六十大壽
[ ] 和家人團聚拍一張全家福
[ ] 每年至少回家兩次，聽父母嘮叨
[ ] 移民澳洲

——旅行——

[ ] 去東非看一次動物大遷徙
[ ] 去北歐看極光 & 體驗狗拉雪橇
[ ] 去南極看皇帝企鵝
[ ] 去芬蘭拜訪一下聖誕老人的故鄉
[ ] 去印度靜心冥想，去土耳其體驗熱氣球
[ ] 去紐約百老匯欣賞一部音樂劇
[ ] 嘗試睡在印第安人的帳篷裡一晚
[ ] 去每年十月的德國啤酒節喝上一杯
[ ] 去迪士尼樂園看一次煙火表演
[ ] 去西藏，來一場觸及靈魂的旅行
[ ] 登上艾菲爾鐵塔俯瞰整個巴黎
[ ] 學會紅酒品鑑，並參加一次法國酒莊的紅酒遊
[ ] 去瑞典的樹屋酒店住一晚
[ ] 去西班牙看佛朗明哥舞
[ ] 看看玻利維亞「天空之鏡」烏尤尼鹽沼的壯美
[ ] 去一次宇宙，超越大氣層看地球
[ ] 跳一次傘，和一群朋友圍成一圈，拍一張照
[ ] 玩一次滑翔傘，人總是要瘋狂一次的
[ ] 去看一場 NBA，必須是我喜歡的球星
[ ] 穿上和服，去日本東京體驗一次女兒節

——事業——

[ ] 擁有一家市值百億的上市公司
[ ] 出版書籍
[ ] 考公務員
[ ] 開個餐館
[ ] 開一家富有情調的咖啡廳
[ ] 當代購
[ ] 有魅力創一次業，不管成與敗
[ ] 去世界五百強企業實習
[ ] 進全世界最好的廣告公司
[ ] 成為一名培訓講師

——學習——

[ ] 讀 MBA 或 EMBA
[ ] 獲得一次獎學金
[ ] 出國留學
[ ] 考取教師資格證
[ ] 學習演講及培訓，形成自己的知識和技能體系
[ ] 考駕照
[ ] 學一門第二外語
[ ] 學跳交際舞
[ ] 學會滑雪
[ ] 學會彈吉他
[ ] 學習書法
[ ] 學畫油畫
[ ] 拿到 PMP 憑證
[ ] 一年內讀四十八本書的讀書計畫（每週一本）
[ ] 搭建個人網站
[ ] 官方帳號粉絲過一萬
[ ] 部落格寫作，每週至少更新一次

——社交——

[ ] 走上媒體活動的講台，做一次演講
[ ] 寫一百篇原創文字
[ ] 組織一次大型的同學聚會
[ ] 每週一次職場沙龍或聚會，擴大自己的社交圈
[ ] 個人知識分享
[ ] 讀五十本書並做讀書筆記 PPT
[ ] 見一個心中敬仰的名人
[ ] 交一個異地或異國的朋友
[ ] 結交十位好友
[ ] 物色事業夥伴，組建頂尖創業團隊
[ ] 拜三位不同領域的頂尖大師為師
[ ] 建立一百位各界頂尖人脈
[ ] 結識十位億萬富豪頂尖人士
[ ] 學會高爾夫，作為社交工具

——財富——

[ ] 擁有一套配有私人游泳池和私人花園的別墅
[ ] 買下一間投資店鋪用於出租
[ ] 年薪百萬
[ ] 被動收入十萬
[ ] 公司營業額翻倍
[ ] 個人資產達到至少一億
[ ] 賺到待職期間的生活費
[ ] 學習股票投資，五年內創造穩定的被動收入
[ ] 買一個嚮往已久的包包，別管價錢
[ ] 買一件自己心頭愛的藝術品收藏增值
[ ] 買一套學區房

[ ] 換一輛新車
[ ] 擁有一輛房車
[ ] 為家庭成員配置保險

——**健康**——
[ ] 跑一次馬拉松
[ ] 參加一次彩色路跑
[ ] 練好瑜伽
[ ] 每週輕斷食一天
[ ] 減脂塑型成功，拍照紀念
[ ] 練出馬甲線
[ ] 恢復產前的身材
[ ] 規律作息早五晚十
[ ] 戒菸
[ ] 找私人教練體能訓練

——**效能**——
[ ] 易效能 ® 時間管理手冊實戰訓練
[ ] 高能要事
[ ] 做夢想版
[ ] 利他
[ ] 一張一弛精力管理
[ ] 專注力訓練 & 排除干擾
[ ] 刪留用 DKU
[ ] 出差旅行必備 APP
[ ] 秒搜、秒搬
[ ] 建立實體目錄系統
[ ] 計畫項目 PNAS
[ ] 找到「三圈交集」
[ ] 寫反思日記
[ ] 記錄時間都去哪裡了
[ ]OF、Evernote、Calendar 工具使用
[ ] 爛開始、好結果
[ ] 教會別人（是最好的學習）
[ ] 刻意練習 & 逃離舒適區

健康 叫我黃于晏 坐如鐘、站如松、行如風 近視雷射	**財富** 資產現金流轉換。學習投資。打造雙重收入。心靈財富：助人及表達感謝	**社交** 謝天計畫（100 cards） 讓身邊的人因我變好 好久不見計畫（30 人）
親密 每月約會 12 次 每天唸睡前故事給小孩聽（100）次 週末輕旅行（20 次）	**Will's 2018 年度目標**	**家庭** 與爸媽深度相處（多於 30 天） 與老婆小孩新加坡度假 獨立帶小孩，讓老婆上親子班！
效能 易效能複訓（一到三次） 家庭生活節奏制定 精簡計畫：減少物品 50%	**學習** 上三門新的課（教練領導力、快樂財商、混沌商學院創新課）。組織時間管理分享會（15 堂）。寫出 15 篇優質文章	**事業** 提升團隊實力 KP 實現 找到熱情、義無反顧投入

學員黃先生八大關注應用範例

真正的人生贏家，從來不是在某一方面有卓越成就而讓生活失去平衡的人。

目標設定：以今天的努力看清明天，以今年的努力看清明年

所以我們在尋找自己的優勢和目標夢想的時候，切記關注身心健康和情感關係的和諧。

也就是在$R_1=E_1\times T_1$，$R_2=E_2\times T_2$，$R_3=E_3\times T_3$，……，$R_n=E_n\times T_n$這些公式中，一件事到n件事代表的是「天下事」，進入被關注的範圍，我們不僅最終要選擇出效能最高者，還要關注人生贏家維持平衡和健康的事務，並養成習慣。例如為了健康，我們要非常關注良好的睡眠、均衡的飲食、適度的運動等等，都是要花費很多時間，一個普通人如果管理這些事情，多則十幾個小時，而且還不見得獲得良好的效果。因此我們不僅僅要關注，還要養成良好的習慣，比如早睡、早起午休＋輕斷食＋經常運動，保障這些事務的時間，才能獲得良好的成果。除此之外，還有家庭、父母、社交、情感

關係等，這些人生必做習題，既要保障時間完成，也要優化時間，最好養成習慣，成為生活儀式。

除此之外，就是我們可以投入到最高效能的所有時間了。但是在我們沒有建立優勢之前，即沒有找到最高效能領域之前，那麼在一年的時間範圍裡，我們要注重適度廣泛的體驗，嘗試各個領域的小目標的投入。當一年終了，把那些實現了的小目標都整理出來，接下來你就可以把它放大，設計成更長期的目標，同時放棄其他的沒有結果的小目標。

被選擇出來的就是我們的最高效能領域的事務，也就是能讓我們走向卓越的目標。最終的人生成就可以用公式 $R_{max} = R_1 + R_2 + R_3 + E_{max} \times (lifetime - T_1 - T_2 - T_3)$。假設一、二、三是必做事件，要保障維持基本時間。扣掉一、二、三這些必做習題的時間，就是剩餘可以投入的總時間，我們要在所有的領域當中選擇最高效能領域，把這些時間都投入其中，我們的人生就可以獲得最大的成就（見人生成就公式圖）。

最後來分享稻盛和夫的一個觀點：人不應該設置太長週期的目標，以今天的努力看清明天，以今年的努力看清明年。我同樣建議，從自己的現實情況出發，由近及遠，由簡單到系統，由多到少，通過一年的時間，選擇八個領域的一些目標去嘗試，然後逐步聚焦，找到自己的夢想，同時還要適度兼顧維持平衡的人生生態系統。

跟大家分享一個和老闆談判的技巧，讓自己可以維持卓

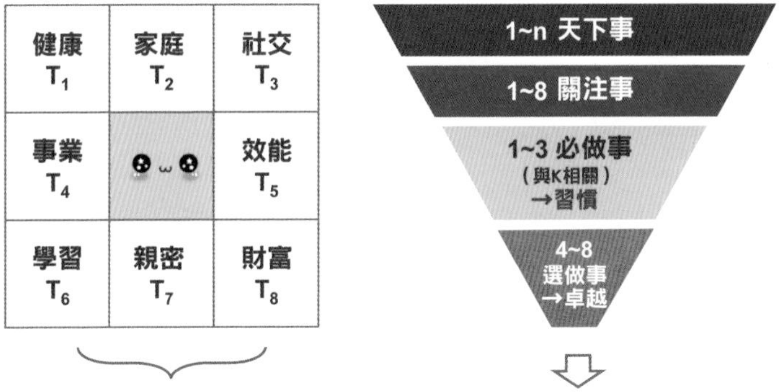
健康 T1
家庭 T2
社交 T3
事業 T4
效能 T5
學習 T6
親密 T7
財富 T8
1~n 天下事
1~8 關注事
1~3 必做事
（與K相關）
→習慣
4~8
選做事
→卓越

$T=K\ (T_1+T_2+T_3+\ldots\ldots+T_n)$

$0\leq K\leq 1$為生命指數

$R_{max}=R_1+R_2+R_3+E_{max}\times(\text{lifetime}-T_1-T_2-T_3)$

葉武濱時間管理九段法

人生成就公式

越而不失衡的人生。你可以去跟自己的老闆聊聊你的工作，問他最希望你在哪個方面做出什麼樣的成果。然後告訴他，你投入比原來在這一領域更多的時間，只做這些重要的事情，但不做其他事情，其他事情可以委託、外包、雇用其他員工，例如，醫生只做手術，其他由護士、助理完成。總工作時間減少，重點領域的投入時間有可能增加，但其實你一定會做出更多的成果。如果我的員工這麼來找我，我一定會答應。你試試看？

如果你是老闆，你該怎麼辦？做出科學的決策，找到最關鍵的業務，砍掉不合適的業務，雇用不同層級的員工，發揮每一個人的優勢。記得通用集團公司的 CEO 傑克．威爾許一上任就砍掉了行業第三名以後的子公司，推行數一數二戰略，保留第一名和第二名的子公司，資源集中，從而使通用公司利潤大幅度增長，他因此被評為最偉大的 CEO 之一。

總之，一味延長工作時間，是最簡單、最愚蠢的做法，效率低下，不可持續。

實踐：夢想版的製作技巧

好工具可以提高我們的效率，乃至效能，增加我們成功的概率，因此在這章的隨堂練習中，我要推薦給大家的就是：基於八大關注來尋找夢想的實用工具——夢想版！

朗達·拜恩在她風靡全球的《祕密》一書中說：描繪出你的心理藍圖，是實現你夢想的第一步。

製作夢想版就是把自己的夢想具像化和視覺化，而我是把夢想內容做成圖像放在自己的手機和電腦的螢幕上。當然你也可以把它貼出來，放在自家的冰箱或者門上，讓它能夠隨時隨地出現在自己的視野裡，不斷激發我們大腦裡鏡像神經元細胞，形成牢固的記憶，在不知不覺中觸發我們的關注，並轉化為行動。像這樣不斷抓住重點，對繁雜事務形成選擇，讓我們有更多的時間、資源與可能性，去實現圖片上的夢想場景。

你的夢想版的內容，應該從你的八大關注——健康、家庭、效能、財富、事業、旅行、社交和學習中而來。所以，你最好先用八大關注法盡可能地排列出來，然後選擇重點的目標，按類別放入九宮格中。

我建議你採取「評分制」，來對九宮格裡每一個關注目標的「重要程度」進行評估。以十分為滿分，由高到低地進行排序。那些得分較高的選做題，加上你必須完成的必做題，或者已經找到的正文提及的最高效能領域，把它們集合起來，用圖像化進行表達，這就是你的夢想版。

你可以用PPT、手機拼圖、剪紙拼畫和手繪圖等工具，來製作自己的夢想版。

我的夢想版都是PPT製作的，有橫屏和豎屏兩個版本（見範例圖）：夢想版做好之後，把它以圖片的形式保存在手機、平板以及電腦裡，這樣除了方便自己隨時查看，還能便於跟別人分享你的夢想，因為實現夢想的另外一條法則就是：大聲說出你的夢想！

卡內基曾經說過：「一個人的成功，十五%靠能力，八十五%靠人際關係。」所以說出你的夢想讓更多人知道，你就能獲得更多的監督和幫助，夢想實現的可能性也就變得更大。因為，不同的人擁有不同的優勢，處理不同事物的難度與資源不一樣，可以彼此協助相互成就。

你在我的夢想版中，會看到有些是長期乃至一生的目標，例如：影響一億人提升效能；環球旅行人生百

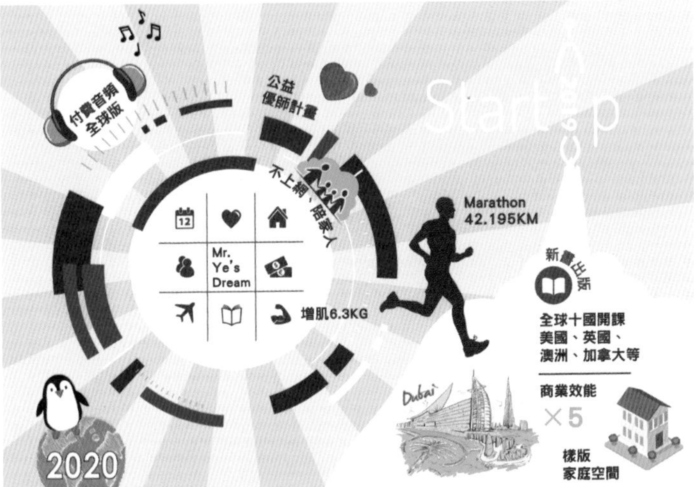

夢想版範例一

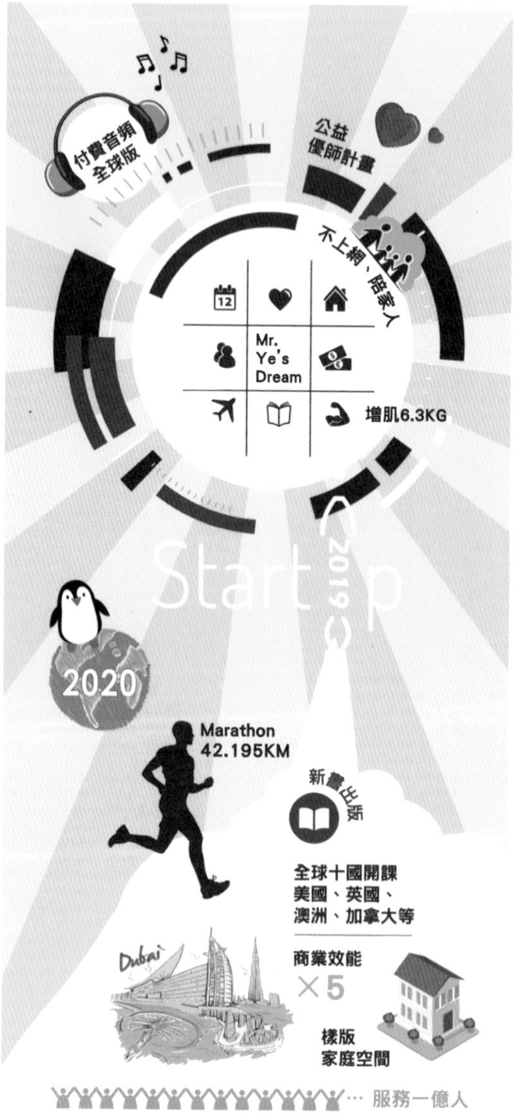
付費音頻
全球版
公益
優師計畫
不上網、陪家人
12
Mr.
Ye's
Dream
增肌6.3KG
Start up
2019
2020
Marathon
42.195KM
新書出版
全球十國開課
美國、英國、
澳洲、加拿大等
商業效能
×5
Dubai
樣版
家庭空間
… 服務一億人

夢想版範例二

國；馬拉松。也有年度目標：付費音頻全球版；年度公益優師計畫；全球十國開課；樣版家庭空間；新書出版等。

了解我的朋友會知道，今年大部分的夢想目標，基本上在此刻我已經實現，某些部分甚至已超前完成。為什麼有夢想和計畫，人會更容易達成目標？因為經過多次的描述、製作、分享、反思，夢想已經深入自己的記憶，從而經常性提醒自己關注、分解、行動、調整。

我相信只要你願意這麼做，也可以實現你的夢想。對於初次接觸夢想版的朋友，我有一個非常重要的建議：在剛開始嘗試製作的時候，不要做太長遠的目標規畫，盡量不要去做五年、十年，甚至一生的夢想，我建議大家從一年內目標的夢想版開始做起。

先給自己製作一個一年期的夢想版吧。等到這一年結束時，再反思自己這一年的收穫和成長，它就可以作為對比的依據。

在製作了幾年的夢想版以後，你就可以擴展夢想版上的內容，包含短期目標、長期目標，甚至人生藍圖。

夢想版解析

畫出夢想是夢想成真的第一步。如果生命馬上就要結束了，你還有什麼遺憾？你還有什麼想要做的事情？不如現在就開始做吧。比如，看影片時會思考「真想擁有像彭于晏一樣的身材啊！」；聽業界優秀人士講座時會想「如果我十年後也像他一樣就太棒了！」；或者在雜誌上看到海邊別墅美景會想「有朝一日我也想住進去度假」……這些都能成為自己的夢想。

找一個安靜不受打擾的時間，充分挖掘大腦，把自己想要做的或者是為了更美好生活而必做的事項統統寫下來，這些事項就構成了你的夢想倉庫。或者從夢想倉庫根據八大關注分類，每類選擇一到三個目標，畫入「夢想版」。

你可以用彩虹筆畫、雜誌剪貼，或者用 PPT 設計，總之要視覺化，且放到你經常能看到的地方，比如手機桌面、辦公桌前等等。以下是易效能®2019 年夢想版大賽的獲獎作品，供參考。

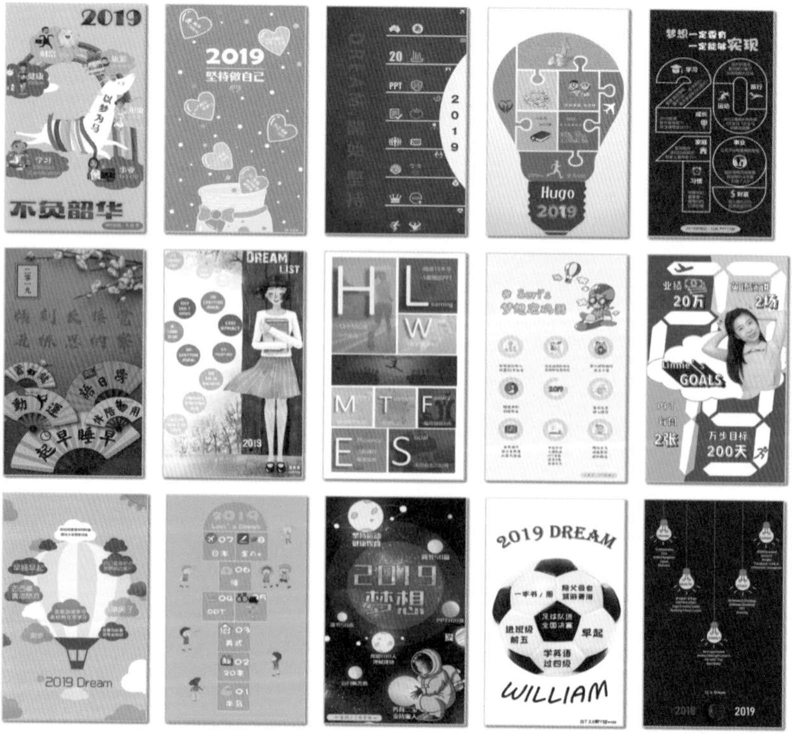

夢想版範例三

| 第七章 |

滿足「三圈交集」，

成就人生的卓越系統

到了本書的第七章，這是我最想談的一個話題：時間即生命，那麼我們生而為人，活著的最終目的是什麼？請你花一點時間來思考這個問題。

我如今有熱愛的工作與美好的生活，要感謝所有的聽眾，感謝這個時代，感謝網路。生命是一個奇妙而神祕的精采旅程，生活不僅是苟且，還有詩歌和遠方。

清晰的人生方向，讓我工作有重點，生活有節奏。這一章的主題就是如何找到人生的方向這個定海神針。

怎麼做？從三個方面入手：一、我的詩歌和遠方；二、人生贏家卓越系統；三、夢想生態圈。

人的一生究竟該如何度過？

一、幸福的人生需要三圈交集——我的詩歌和遠方

人的一生不僅僅是追求財富和成功，而是幸福。哈佛大學幸福課指出，九十五%的人認為，人生的終極目標是追求幸福。我想這個與人生贏家的含

義也不謀而合。

結論雖然簡單，但是能夠理解到位，確實是一個漫長的過程。年輕的時候，大多數人追求的是財富和成功。

歌德說過「理論是灰色的，生命之樹常青」，我經常找我剛認識的人聊天，聊聊他的人生，來豐富我人生的智慧。這是一個好方法，建議你也試試，它會讓你受益無窮。

曾經有無數個日夜，我苦思冥想，人的一生究竟該如何度過？我想每個人都會想到這個問題。

說說我真實的人生探索之路。

我的人生是爭取而來的，不想回老家的電信局「顧機房」，大學畢業時抓住了三次機會，讓我能夠去大城市發展。

然而，在壅塞的北京城，很漫長的一段時期，我每天長時間地工作，而且很難請到假。二〇〇〇年我和太太剛認識時，連八千元住院手術費都是岳母給的。我也記得很清楚，公司分配給我一個小房子，雖然公司的集體宿舍十分狹小，可我卻不願搬家，因為沒有錢購買家具，覺得不如住宿舍，至少裡面基本的設施都有。掐指算一算每個月的薪資，我要做一個選擇題：是先買洗衣機，還是先買熱水器？最後的選擇是：為了節約洗衣服的時間，我決定訓練自己洗冷水澡。

這份記者的職業，讓我跑遍了中國，見多識廣。六年的合約期滿，我很感恩地辭去了這份工作，我要選擇追尋更廣闊和自由的人生。第一次創業是在二〇〇四年，過程還算順利，但是進展緩慢。

工作上、合作上和管理上遇到的問題，磨練了我。王陽明說「人須在事上磨，方能立得住」。我常常把自己的困惑寫在日記裡，透過大量閱讀來尋找答案。這其中，《時間管理：先吃掉那隻青蛙》和《人性的弱點》兩本書給了我刻骨銘心的啟發：人必須有清晰長遠的目標，並且每天付諸行動，同時還要有良好的人際關係。學習和閱讀確實改變了我的命運，讓我努力成長，不斷提升人際關係，改變了我的人生軌跡。

我出差去雲南，一個很偶然的機會，訪問了在那裡的一位畫家，他和我分享了他的人生經歷，改變了我的認知。他是二十世紀八〇年代的知識青年，那時在新疆，大多數人每天工作完就玩樂，而他把賺來的錢拿去換畫畫的材料。後來因為有了畫畫的功底，返城後又趕上改革開放，因此在雲南滇池對面的西山上替海內外遊客畫畫，每天收入頗豐。就這樣作為畫匠幹了很多年後，有一天他突然把畫筆折斷，開始去追求自己想要的人生，雲遊四方。我見到他的時候，他的畫反而更值錢了，在滇池邊的別墅裡，滿屋的畫作，據說一幅畫少則幾萬多則十萬，甚至百萬元。

我才發現不能靠時間換錢，應該提升能力與人際關係。

這刺激了我。我的公司營收太低，因此與這個畫家見面後的二〇〇七年，我放棄自己的公司，成為職業總經理兼小股東。可惜，不到一年就創業失敗，一個月連五千元生活費都給不了家人，那時我家老大剛出生不久。我記得很清楚，有一年我從外地回家，只剩下幾萬塊積蓄，非常苦惱。即使如此，二〇〇八年時，渴望旅行的我雖不能出遊，但還是買了一本環球旅行的書籍來激勵自己。

我知道要想走出人生低谷，只有靠自己。

在低谷中，我繼續學習，用信用卡分期報名了北京大學的金融課程。

我太太經常說我是打不死的小強。為什麼？因為我一直堅信，我可以透過努力，尋找到美好人生。

我曾經無數次繪製過自己的人生藍圖：

有健康的身體，良好的關係。時間自由，財富自由，心靈自由。有一處房子，毋須太大，最好面朝大海，春暖花開。陽光溫柔地灑滿房間，窗簾伴隨著海風輕輕搖曳，浪花時不時拍打著海岸，遠處，孩子們在沙灘上追逐嬉戲……家庭和睦，彼此在關係中成長。孩子們十分自律、友愛。我和家人可以隨時去地球上的任何一個地方。在童話世界一般的冬季感受寂靜的荒原與小鎮；在一望無際的山川滑雪，追逐北極光；在最美的海島，潛入水中，探訪海底豐富多彩的珊瑚和熱帶魚。有自己熱愛的事業，工作時，我全心投入，為自己、公司、社會創造獨一無二的價值。

十年過去了，如今我人生藍圖中的大部分場景都已實現。

你一定很好奇，是什麼力量讓我逆轉人生？

二、和更多人的人生產生關聯，從利己轉向利他——人生贏家卓越系統

有一天，羅斯柴爾德家族的一位繼承人訪華，我有幸在北京大學聽了他的演講，印象很深刻。他說：「我發現中國的好學生都在學金融，而我們家族的人都在學哲學。」羅斯柴爾德先生的這句話啟發了我的好奇心，後來我在馮友蘭的書籍中看到了一句話：「哲學就是對人生有系統地反思。」

我如獲至寶，似乎找到了和自己成功人生畫面產生關聯的技巧：最終，我必須有一個更宏觀的格局，來思考人的一生該如何度過，而不是侷限於個體和局部。

說來也巧，當「人生的終極目標是追求幸福」這句話映入我的眼簾時，我如夢初醒。這是來自哈佛大學幸福課的一個觀點。九十五%的人認為，一個人最終的成功是幸福。但哈佛的幸福課裡提到：幸福的人生是由「快樂、優勢、有意義」這三個要素交叉重疊的部分而生。幸福是有方法的，幸福的

人生，必須有服務他人的意義。幫助他人成功，自己的人生會更成功。我突然讀懂了，自己的人生要和更多人的人生產生關聯，要從利己轉向利他。

我迫不及待地在紙上寫下：讓我快樂的事情是做事很有效能，有健康的身體，陪伴孩子，享受閱讀時光，有時間旅行；我覺得提升自己和別人的生活品質、健康，非常有意義，幫他們解決問題，提升效能，節約時間很有意義；我覺得我自己的嚴謹有序是一個優勢，同時具有靈活度，擁有戰略思維。

寫在紙上後，我突然發現，健康是快樂和有意義的交集，解決問題是有意義和優勢的交集，還驚喜地發現，效能是快樂、優勢、有意義三者的交集。

短線作戰，就好像在玩「老鼠賽跑」的遊戲，這樣會與夢想一次次擦肩而過，在原有的軌道拚命奔跑，但是不會產生任何改變！

基於過往的人生經歷，對照成功的人生贏家，我決定，以三圈交集所產生的成功要素，樹立一個立志高遠的長期性利他共贏的目標，享受時間和投入帶來的複利的威力，知行合一，自我成長，影響一億人提升效能和幸福指數，我堅信在這個領域投入足夠多的時間，我會成為人生贏家！

有了長期遠大的目標，我熱愛我的事業，並樂在其中，同時還能夠為他人提供價值。漸漸地，我的事業有了滾雪球效應：時間管理課程人數從每次二十人到五十人；線下課程從北京到廣州、南寧、深圳、成都、重慶，走向了全國。

我有個遠嫁美國的學員，介紹了一位剛剛移民美國，並在網路上開設電台的主播給我認識，由此我把知識和技能的傳播搬上了網路世界。我是網路上最早一批開設教育培訓課程的主播。得益於粉絲幫助，我們的市場拓展到了海外。在印象中，只有海外老師來中國演講，很少有人走出國門，但我要把博大精深的中華文化帶向世界。我期待著有一天，可以在你們的幫助下，去到更多的國家，我們一起幫助更多人提升效能。

這其中最關鍵的因素之一，是我熱愛這項事業，同時不斷精進，形成了優勢，但最重要的是要有一顆利他之心。

六年來，我幫助了很多人，幫助我的人也有很多，所以只有繼續幫助更多人。我不斷傳播基於人生廣度的效能思維，是不在於做多少事情，而在於把重要的事情做到極致。我們都要熱愛自己的事業，每天高能要事，更要時刻感恩他人。

我有一個朋友是個跑步達人，他在跑步這個領域取得許多好成績，例如：他多次完賽超級鐵人賽，他的全程馬拉松比賽花費不到三個小時，後來他找到了自己的成功要素：要幫助更多人健康運動，無傷跑步！於是他選擇了與我們合作，把自己研發的理念傳播給更多人。他從事跑步領域的工作，最開始的想法也只是要減肥而已，不懂跑步的他受了傷，在醫院裡躺了一個月，此後讀了很多關於跑步的書籍，並總結出一套「簡愛跑步法」，同時對跑步產生了深深的熱愛，於是他開始訓練自己去參加各種馬拉松比賽和鐵人三項賽，後來又加入了我們的講師團隊。他從一個簡單的目標開始，最後將其變成了自己長期從事的職業，把愛好轉化成事業、人生使命，這就是找到個人成功要素的力量。

還有一位遠嫁美國的學員，啟發我將時間管理的傳播搬到網路上，她是一個重慶姑娘，單親家庭長大的她對婚姻一直沒抱太大希望。在結婚之前，她是一個瘋狂工作的人，把自己所有的時間和精力都投入到自己的事業上，每天熬夜。她媽媽看在眼裡、急在心裡，女兒已經到了結婚的年齡，卻絲毫沒有要結婚的動靜。這樣下去也不是辦法，於是媽媽就開始像很多中國父母一樣，想盡辦法地催婚……後來她和媽媽同時找到愛情。她發現，有很多女性朋友在尋找幸福時沒有方法，於是將自己的婚戀經驗，總結為一套系統的方法，開始培訓更多人擁有戀愛的能力……而這一切事情的起因只是因為媽媽催婚，以及她想要解決自身的婚戀問題，但是經過時間發酵之後，她確認這就是自己的成功要素，於是它變成了她的事業和使命，她放棄了所有其他工作，和先生一起專注於幫助更多人實現幸福的夢想。

越來越多的人受益於高能要事的思想，因此這套理念被證明是有效的。

三、夢想生態圈——卓越而不失衡的人生

上一章，我們講述要和夢想談戀愛，從自己的現實情況出發，由近及遠，由簡單到系統，由多到少，透過一年的時間選擇八大領域的一些目標去嘗試，

然後逐步聚焦，找到自己的夢想，同時還要適度兼顧維持平衡的人生生態系統。

被選擇出來的，就是我們最高效能領域的事務，它們就是能讓我們走向卓越的可能性目標。最終的人生成就可以用公式 $R_{max} = R_1 + R_2 + R_3 + E_{max} \times (lifetime - T_1 - T_2 - T_3)$ 來表達。E_{max} 是最高效能領域，它往往是自己最有優勢的領域。當自己的夢想與目標可以服務到他人時，效能就會不斷

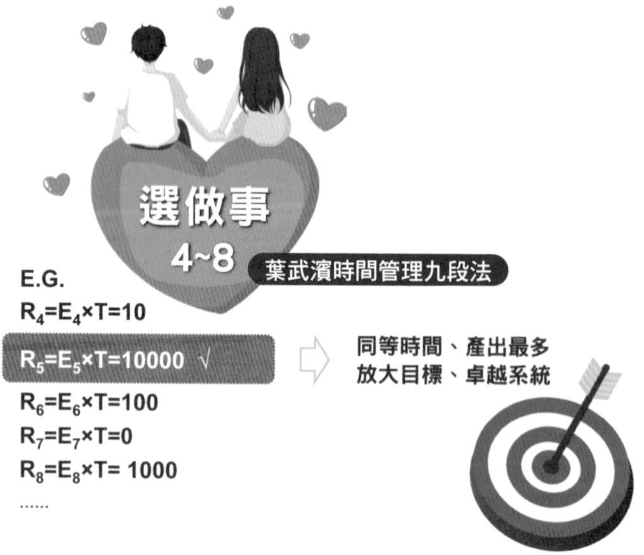
選做事
4~8
葉武濱時間管理九段法
E.G.
R4=E4×T=10
R5=E5×T=10000 √
R6=E6×T=100
R7=E7×T=0
R8=E8×T= 1000
......
同等時間、產出最多
放大目標、卓越系統

選做事 4～8

倍增。**「服務的人越多，效能越大」**，也就是說，如果這個優勢領域又是自己所熱愛的，並且可以利他、幫助到他人與社會時，那麼就滿足三圈交集，這就成為人生的卓越系統。

幸福人生和人生贏家是我們所提倡的重要概念，卓越是人生贏家的事業系統。我們要投入相當多的時間，同時要保障自己的人生不失衡，創造人生贏家的十項全能，即投入一部分時間關注自己的身心健康，以及維護自己的情感關係。這就是卓越而不失衡的人生。

實踐：畫出你的人生藍圖，找到你的三圈交集

參照我們正文中的範例，來描述你的人生藍圖，它是非常長期的，是你非常想要的那種人生的樣子。它有一個畫面感，你可以把它寫下來，也可以手繪出來。現在它可能是模糊的，但是你可以不斷去重複思考它，點點滴滴記錄下來，然後不斷豐富它。我就受益於經常去想像未來人生的藍圖，期待你可以找一個時間，第一次去做這樣的工作。

第二件事，請你拿出一張紙，先寫下你認為有意義的事情，再寫下你認為做什麼事情你會很開心、很快樂；再接下來，你感覺你做什麼事情比較有優勢，然後按照我們的範本（見三圈交集表解析），分別把剛剛寫下的有意義的、快樂的、有優勢的事情，填入三個圓當中，看一看它們有沒有兩兩交集？有沒有三個圓共同的交集？如果有三個圓之間的交集，就像前面我提到

三圈交集表解析

三圈交集是夢想生態圈的種子。
林語堂說過：「夢想無論怎樣模糊，總潛伏在我們心底，使我們的心境永遠得不到寧靜，直到這些夢想成為事實才止；像種子在地下一樣，一定要萌芽滋長，伸出地面來，尋找陽光。」

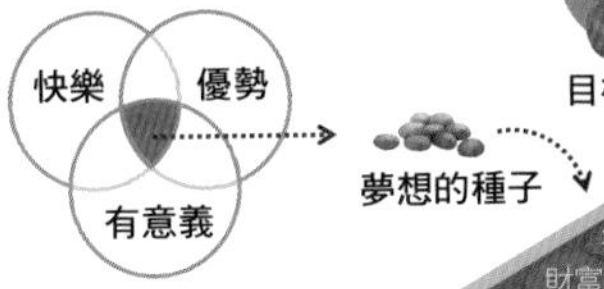

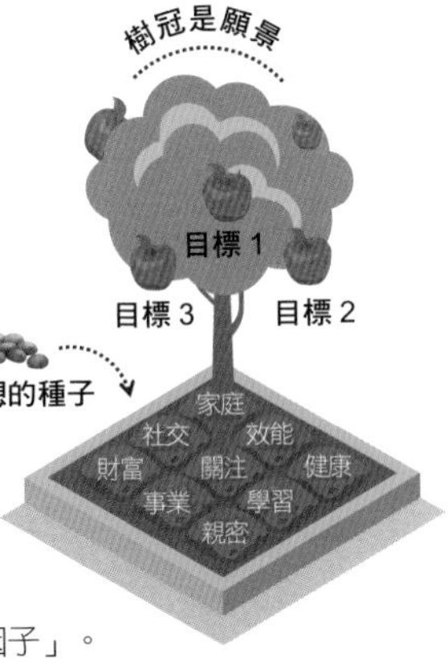

做什麼事你覺得有意義？
做什麼事你能感受快樂？
做什麼事你會比較擅長？

請把它們一一記錄下來，
按類型填寫在下面「三圈交集表」裡看看能否找到有意義，
有快樂，又有優勢的交集。交集裡的事，就是你的「成功因子」。

當你圍繞著「成功因子」不斷努力，你的成功 & 成長就會像滾雪球一樣，越來越大。
否則就像籠中的倉鼠，在原有的軌道拚命奔跑，但是沒有任何改變！

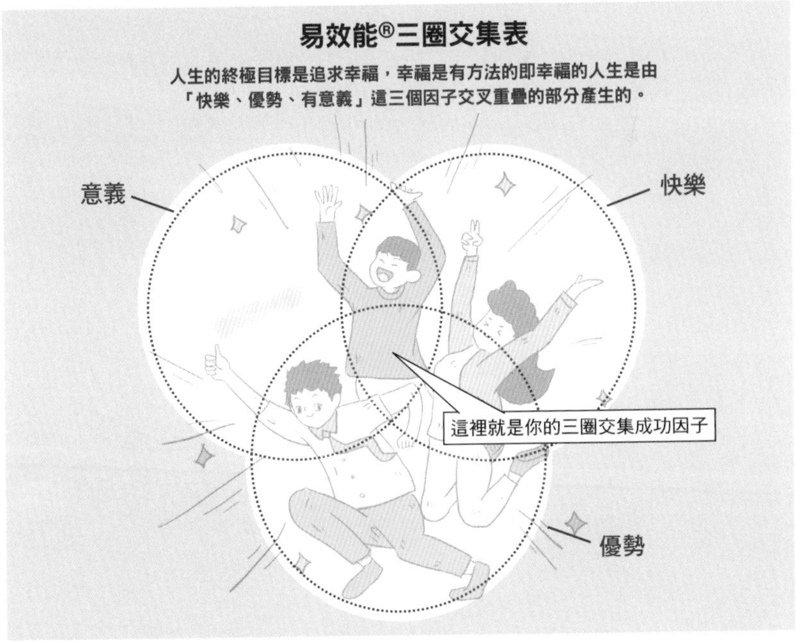

三圈交集表解析

的——效能，即我的三圈交集，如果有，恭喜你！這就是你的成功因素，你要基於你的成功要素，去做驗證。最好把它跟我們上一章所講的八大關注去做對照，如果在八大關注當中也有，而且在你過去的人生當中，這個領域你的效能比較高，它一定就是你的優勢。那你一定要把它當作你人生更長期的夢想和目標，要基於利他之心來設計你人生的夢想，其實也就變成了你的使命。

這兩項練習非常重要，你可以找一個時間，好好去做，祝福你的人生越來越好，燦爛如花。

第二模組小結：計畫，包括計畫項目、八大關注、人生的方向

到了第七段，我們的結構就越來越清晰了。

現在我們來做一個五到七段和一到七段的小結。五到七段我們講述了計畫力，三個月計畫項目管理，讓我們事半功倍，一年度的八大關注讓我們生命圓滿平衡，三圈交集讓我們找到人生的方向與卓越使命，這樣我們就可以過上卓越而不失衡的人生。

找到人生方向指引後，我們又不斷在計畫項目、日曆或清單中，透過大量地、持續地圍繞人生方向去抓住重點，推進高能要事，一步一步將我們的夢想變成了現實。當有了明確的人生宗旨，清晰的使命、願景、人生藍圖之後，我們的計畫項目和行動都被賦予了深刻的意義，執行起來更能抓準目標，我們更多地在自己的優勢領域，付諸行動並投入熱情，形成一個正向迴圈，

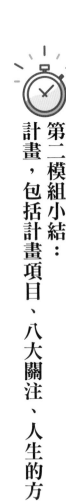

這讓我們的人生越來越精采。

我們對一到四段行動力和五到七段計畫力做個關聯性總結。行動力就是執行計畫內事件的能力，計畫力就是選擇做什麼事情的能力。加上九段的反思力，就構成了我們的雙環系統。

你可以看到計畫—行動—反思是大環、是外環，計畫，包括計畫項目、八大關注、夢想即人生的方向，它指引著短期的事件哪些是重要的。短期的事件我們由內環，也就是記錄—排程—執行來管理，我們的最終落腳點是高能要事。

還有一個反思力還沒有講，也就是說如果要讓我們的計畫越來越準確，讓我們的行動力越來越強，還要注意計畫和行動的匹配。

記住六大關鍵點：

一、計畫項目是計畫力的入門基礎，PNAS四個步驟，大家要練熟，這樣大家做出成果的能力就會大增。想得到某個結果，就制定計畫項目的步驟，推進成為日曆和清單事件，並讓它們圍繞結果執行。

二、八大關注是人生夢想的嘗試系統，多嘗試一定數量的短期小目標，除了人生必做題健康、家庭和社交，其他都是興趣領域，這個理論的源頭是回饋分析法，通過預期—結果—比較三部曲，找到你的最高效能優勢領域。

三、慢慢在優勢領域中，進一步找到快樂、優勢、有意義三者交集的領域，把它提升為長期的人生目標、夢想和使命。

四、使命就是和更多人有關的目標，一旦有了使命，你的思維會被開拓，創意會被激發，同時會得到能量迴流，從而進一步激勵自己投入精力和時間，去達成使命。但是找到三圈交集這個過程很漫長，你需要的是耐心。它不是規畫出來的，是透過一系列行動和結果的對比而來的。

五、一旦找到值得終身奮鬥的使命，記得不要忘記留時間陪伴家人，呵護自己的健康，這會延長你的生命，讓你有更多時間，並成為人生贏家，這點是非常關鍵的。我將在第八章詳細講述。

六、人生有了明確的目標，每天的工作就有了重點，生活就有了節奏。這就是我們從一開始就提倡的線上人生。我經常說如何過一天就是如何過一生，朝向人生的目標，每天都能推進一點，高能要事，享受慢生活。一日看人生，分線上線下，線上的人呢，朝向人生，每天進步一點點，即使只進步一%，最終你也會成為人群當中一%的人生贏家。

| 第八章 |

時間管理的基礎是

精力管理

高能，指的是相對完整的時間段，有合適的空間，人的精力也處於正向飽滿時所形成的一種狀態。在高能狀態下，做對我們人生產生積極影響的要事，就是高能要事的價值。所謂「好鋼用在刀刃上」，高能就是一塊好鋼。

如何擁有更多好鋼？這就引出了我們這一章的主題，也是貫穿我們整個人生的命題？精神管理。精力管理是一個人管理消耗和恢復精力的能力。和時間、金錢一樣，精力也是一個人最重要的資源之一。精力管理是時間管理的基礎。你要有旺盛的精力，才能經得起世事的挑戰。

我們的精力，或者叫人體能量，是一個動態變化的複雜系統，它由高低正負構成了四個象限。當我們處於高正狀態時，我們就積極主動，願意推動事情的進展；當我們處於高負狀態，我們就更熱中於跟人抱怨，或者發怒；而處於低正和低負狀態時，我們可能就做什麼事情都提不起勁來，完全失去了生命的活力。

要想保持生命的活力，我們不僅要學習如何科學地消耗和恢復精力，還要培養管控負面情緒的能力。吉姆·洛爾和東尼·史瓦茲的《用對能量，你就不會累》一書，把精力管理分為體能、情感、思想和精神四個維度。對於他們的理念我是非常認可的，下面我就援引他們的理念，結合我的實際應用，並綜合多方面研究，來詳細談談人體能量和精力的管理。

腦力勞動者往往會忽視體能對效能的影響。史蒂芬·柯維《與成功有約：高效能人士的七個習慣》中的第七個習慣是不斷更新，他認為首先要不斷更新的是我們的身體。身體能量是精力管理的基礎。有調查表明，李嘉誠和巴菲特九十%的錢都是六十歲以後賺的，由此可見：除了專注選擇高效領域長期耕耘之外，還要健康長壽才會有更多的時間，同時精力充沛才能做好要事。導致體能不足的罪魁禍首有熬夜、拒絕運動、飲食失衡等等。我總結了一下，如果你想身體健康，精力充沛，你一定要養成這三個基礎習慣：好好睡覺、好好運動和好好吃飯。

一、試試用睡前清單來保障你的睡眠

我在前面的章節中把「一日五色工作法」中的休息定為黑色，代表黑夜、褪黑激素，特點是靜默和固定，這就是與睡眠有關的元素。睡好的關鍵是，睡夠時間，作息規律，加上午休小睡和時差調節。

睡眠不足，我們的生理、心理，尤其是情緒就會受到顯著影響。有數據表明，思想的效能，比如精力集中、記憶力和邏輯推理等都會受到睡眠的影響。科學家普遍認為，一般人每晚要睡七到八小時才能保證身體處於最佳狀態。還有研究表明每晚睡七到八小時的人群死亡率最低。

什麼時候睡很重要。獲得二〇一七年諾貝爾生理或醫學獎的「生物鐘理論」，告訴我們熬夜等於慢性自殺！它同時也佐證了我一直提倡的現代人也要早睡早起、日出而作、日落而息、過晚十早五這種生活方式的正確性。

為了確保睡眠品質，我們還要順應睡眠週期入睡和叫醒自己。《睡眠革命：如何讓你的睡眠更高效》一書作者提出了「睡眠週期」理論。九十分鐘是一個人經歷從淺眠到深睡等各個睡眠階段所需的時間總和，深度睡眠時，我們生長和修復得最多。設定合理的鬧鐘，會慢慢地幫助你建構起良好的生物鐘。保障睡眠時長在七到八小時，且在第五個睡眠週期後自然醒來。這是活得久的關鍵因素之一。

同時，我們可以養成每天進行最多四十五分鐘的午休、小睡的習慣，世界上很多擁有偉大成就的人，都很清楚午休的重要價值，例如前英國首相邱吉爾說：「你必須在午餐和晚餐之間抽空睡一會兒，這樣就能把一天當作兩天用——至少是一天半。戰爭開始後，我也必須保證白天休息。只有這樣，我才能完全擔負起自己的責任。」

我已經這麼做十幾年了，每次午休之後，總讓我神清氣爽。我在上課時，大家總問我為什麼可以從早上起床直到晚上十點，始終保持良好的狀態，其實這與我很注重午休、小睡、見縫插針的冥想和小睡一會兒有關。

不管在什麼環境下，我都非常注重休息，我有專門的睡眠小包，帶有眼罩、降噪耳塞、舒曼波手環。除了載家人會開車之外，我自己出門幾乎不開車。在飛機上、車上的時間，我往往都用來睡覺、午睡或者小睡一會兒；工作的間隙，我也會休息一下。在長途飛機上，人少時我會在兩個座位之間切換，一個用於工作，另一個用於躺下休息；在房間裡就更方便了，工作中間的休息時間，我會馬上設置計時器五分鐘或十分鐘，並即時躺下。

時差是影響精力的一大因素。往返於世界各地，我會根據抵達目的地的時間，提前倒時差，如抵達時是晚上，就睡覺，抵達時是白天，就工作，往往時差對我的影響只有一天，遠低於一般人。例如，我三月從北京飛到倫敦，落地時是晚上，在飛機上沒睡太多，然後用 255 工作法工作，到倫敦就睏了，剛好晚上睡覺。同理，我從米蘭飛回香港，落地時間是早上六點，所以一上飛機我就拍了幾張阿爾卑斯山的雪山景色，沒吃飯就睡了；飽睡一覺，恰好可以吃早餐，欣賞一會兒美景。再從香港去深圳，抵達後，上午補了時差覺，設好鬧鐘下午醒來，理髮吃飯，然後進入提前安排的會議一小時。不是所有人都會像我一樣「四處奔波」，但從我分享的經驗中，你會感悟出要把事件管理和精力管理融合在一起的道理。

我這裡列出一個提升睡眠品質的清單，你可以試著照做一下：

1. 每天保障睡眠時長七到八小時，最好是五個九十分鐘，固定時間早睡早起。

2. 提前調低臥室的溫度，可以幫助你快速入眠，但睡前最好關閉空調。

3. 戴上眼罩或者拉上窗簾，黑暗的環境有助於人體內的褪黑激素生成，幫助入睡。

4. 電子設備放在遠離床的位置，譬如放在洗手間充電；設好鬧鐘，鬧鈴響了以後馬上起來關掉，再洗把臉就清醒了。尤其要戒掉睡前滑手機的習慣。

5. 睡前儀式很重要，與孩子互道晚安、泡泡腳等等，做完這套流程自然就想入睡了。

6. 睡前冥想，或者睡前聽書，聽一會兒輕音樂、大自然的聲音，可以舒緩我們的精神，有助於睡眠。我們家十多年來都有睡前聽書的習慣。

7. 注意午休。早睡早起後，加上時長在四十五分鐘內的午休，可以幫助我們恢復精力，下午也能精力充沛。午休時可以戴上眼罩，環境嘈雜可以戴上耳塞。

8.減少夜晚社交，晚餐少吃。適度運動，多曬太陽，但要避免曝曬。

二、**堅持鍛鍊，有氧運動和無氧運動相結合**

大量研究表明，適當進行有氧運動和無氧運動，對我們的身心健康、精力水準、個人效能和團隊生產力有著重要的影響。如果想減去多餘脂肪，提高心血管功能，游泳、快走、跑步等有氧運動效果最好；想要身體線條健美，肌肉飽滿有彈性，新陳代謝好，則用重量訓練的運動器材進行無氧運動，效果更好。

我特別要推薦《用對能量，你就不會累》一書中講到的一個觀點：一項由哈佛大學和哥倫比亞大學聯合發起的研究表明——一串時間簡短而劇烈的有氧運動，再加上徹底的有氧恢復，僅在八週內，實驗者的心血管健康情況、心率變異性以及情緒等都有明顯好轉，還有證據表明，他們的免疫力增強，舒張壓下降。適當的運動有助於我們增強體能，保持有型的身材，心情舒暢、朝氣蓬勃、減緩衰老，以及降低罹患心臟病、高血壓、糖尿病等疾病的風險。

行動起來，做自己精力的主動管理者

管理精力的三個步驟：

一、目標：如何依照我們最深層次的價值取向分配精力？

二、計畫：在認識自我的基礎上制定做出改變的計畫。

三、行動：縮小「現實的我」和「理想的我」之間的差距。

我在這裡列出了一些具體的行動，供大家練習提升自己的精力。你可以根據自己的現狀，列出自己要改善的具體行動，利用週表進行核查。這一週全部做到第一項，再在下週開展第二項。依此類推。

行動：

早起

晨間日記反思過去一天

檢視人生夢想

計畫一天的安排

好好吃早餐

運用ABC255工作法

休息喝點吃點東西

飲食平衡

輕斷食減少晚餐

低糖指數食物

每天午休

見縫插針小睡一會兒

每週三次鍛鍊

間歇性力量訓練

每天深呼吸

每天冥想

零碎時間滑手機

休息時給家人打電話，完成「時常想家計畫」

每週找一個朋友見面午餐，

完成「年度五十人好久未見計畫」

每週感謝兩個人，完成「年度一百人感謝計畫」

每週兩次到點就下班

每週在家一天

在家不上網

公休日家人模式

在家接送孩子

早睡

實踐：「愛上做某件事」的祕方

傳授大家一個「愛上做某件事」的祕方。很多來我線下課的學員都很忙，他們大多沒時間運動，也不喜歡運動，還有些人花了很多錢辦健身卡，但是一年去的次數，五個手指頭都能數得出來。

為什麼明明已經花了錢，也下了決心，卻還是不能做好一件事呢？因為堅持是痛苦的，熱愛是愉快的，靠毅力去做一件你不喜歡的事一定難以長久，但是如果你能在做一件事的過程中發現快樂，並且愛上它，你就能愉快地做下去，並且獲得你想要的成果。

那麼接下來，我就通過教會大家愛上運動這件事，揭示「如何讓自己愛上做某件事」的祕訣。

學生時代的我也是一個「跑渣」，比起去操場跑一公里，我更願意待在圖書館看兩本書，所以我的體育成績也是需要補考才能過。後來畢業做了企業高管，我的員工中有一個「跑步神人」，沒事就跑個十公里。

跑十公里，對那時候的我來說簡直是這輩子都不可能做到的事，當然後來我做到了，還在四十三天的時間內訓練自己跑了半馬，從此養成跑步習慣，並影響了許多人開始跑步，他們甚至跑得比我還好。

那我是怎麼做到的呢？

・「爛開始，好開展，好結果」

第一步，也是最重要的一步，就是「開始」！我常說：「爛開始，好開展，好結果。」別怕開始有多爛，我們可以在做的過程中慢慢改進。如果要做一件事，你首先想的是選一個黃道吉日，或者所有條件都具備，那你在第一步就比「爛開始」的人落後了。

第二步，慢！慢以致遠。我們在剛開始做某事的時候很容易熱血沸騰，急於求成的心態就開始出現，恨不能一下子飛躍十萬八千里，瞬間就取得真經。但生活往往會讓我們知道：捷徑是不存在的！所有的捷徑到最後都會變成彎路。只有透過不斷地刻意練習，才能逐步提升。

當我們還沒有具備某種能力的時候，例如還沒有養成運動習慣，跑五百公尺都還在喘的時候，我們就要讓自己「慢」下來！

這裡的「慢」指兩個方面：心態和訓練。

心態上的慢，是要接受自己才剛開始，能力還弱的現實，對於自己心中的那個目標，除了專注守望之外，切忌一蹴可幾的心態，「著急」是很多人的致命弱點！讓自己更耐心一點，學會投入時間和精力，累積勢能。

另外就是訓練上的慢。

在跑步的訓練上，我們更應該慢下來，監測自己的心跳，感受自己的呼吸，剛開始時一切應該以「舒服」為準，跑步時心跳在一百三十到一百五十是能讓人感到快樂的最佳減脂心律。切忌盲目求快，快容易讓自己受傷，也讓跑步變成了壓力，從此難以愛上跑步，然後運動這事就變成了一次性事件，不能持續。

慢下來，控制好心跳節奏，持續跑三十分鐘以上，讓身體分泌出足夠的腦內啡和多巴胺等能讓人產生愉快情緒的物質。我和大家一起跑步，說說笑笑，慢慢跑個五公里，大家都有這樣的感覺：「原來我也可以。」有同學說，居然發現自己還沒有老。這是何等幸福的感受啊。

不累，又可以跑完，慢慢地那愉快的感受就能讓你愛上跑步，很多人跑了第一次，就開始堅持跑步了，隨著體重減下來，身材變好，精力提升，大家獲得了新的跑步的動力，也就堅持跑得更久了。有的人還設定了半馬、全馬的目標，然後又獲得新的動力。

當你已經有了運動的習慣，接下來你就可以循序漸進地從單一的運動模式，例如只做跑步這種有氧運動，變成無氧的力量訓練，搭配有氧運動交替進行，或者做更高難度的間歇性運動。這些是在你已經有了一定基礎的前提下才能做的，不能一開始就這麼生猛，否則容易受傷，甚至暈倒。等你步入更高階層，你還可以給自己找一位好導師，指導自己做更專業的訓練，提高成績，參加比賽。

白宮學者黃征宇在《終身學習：哈佛畢業後的六堂課》中提到：運動能給我們帶來充沛的精力、完美的身型、健康的身體和睿智的頭腦，以及永不放棄的意志，這種生活絕不是要犧牲些什麼，而是一種追求和幸福，也是一種人生享受。所以，運動是需要終身貫徹的事情，是最重要的人生基礎習慣之一。

現在每週規律運動幾乎已經成了我線下課學員的標準配備，大家很容易就養成了運動的習慣，其中有因為愛上運動，獲得了人生的掌控力而升職加薪的；還有人運動後身體和情緒都有很大改變，從而改善了夫妻關係。

·做好一件事，成功的喜悅會傳播，也可複製

做好一件事，這種成功的喜悅會傳播，也可複製。

從零到一很難，從一到一百就簡單多了，所以「爛開始」，從一件小事做起，從跑步運動做起，慢下來，循序漸進地開展，你會發現成功會來得比我們想像中更快。

人生的成就和財富都是累積的結果，巴菲特一生的財富大部分都是在六十歲之後獲得的，他的人生詮釋了「複利的威力」。「爛開始」之後，不能一直爛下去，要持續做，不斷更新。也許慢以致遠才是能讓我們成為人生贏家的重要祕密。

好了，你學會了「如何讓自己愛上做某件事」了嗎？我用跑步這件事舉例說明，希望你開始慢跑，加入我們的行列。其實不出一個月，你就可以比不跑的人跑得快很多，可能兩個月你就可以跑完半程馬拉松，如果你有意進一步訓練，一般情況下，六個月或者一年就可能跑完全程馬拉松。希望你能夠舉一反三，從跑步這件事情當中獲得更多的思考，活得精采。

| 第九章 |

實現終身精進

寫這篇稿件時我是在東京飛往紐約的飛機上，因為抵達紐約時是晚上六點，所以我選擇在飛機上午休、吃飯和工作，到了目的地就睡覺。

我們團隊傾心設計的「時間管理九段」，如果你已經全部掌握，那你已經走上了人生的快車道。但時間管理能力當然不只九段，雖然在我的概念裡也沒有十段，但第九段是一個具有持續成長性且不設終點的概念，每個人的天賦和才能都不一樣，但每個人都沒有成長的天花板，我們要不斷精進與完善。

在前面的章節中，我們講完了行動力和計畫力。這一章培養你把行動力和計畫力連接到匹配的能力，也就是反思力，讓計畫等於行動的能力。

為行動力和計畫力保駕護航的反思力

「反思—計畫—行動」和「記錄—排程—執行」共同構成了我們的「雙環」（見圖）。內環「記錄—排程—執行」是行動環，讓我日理萬機，聚焦重要緊急事件，而外環「反思—計畫—行動」可以幫助我們計畫，並過上卓越而不失平衡的理想人生。

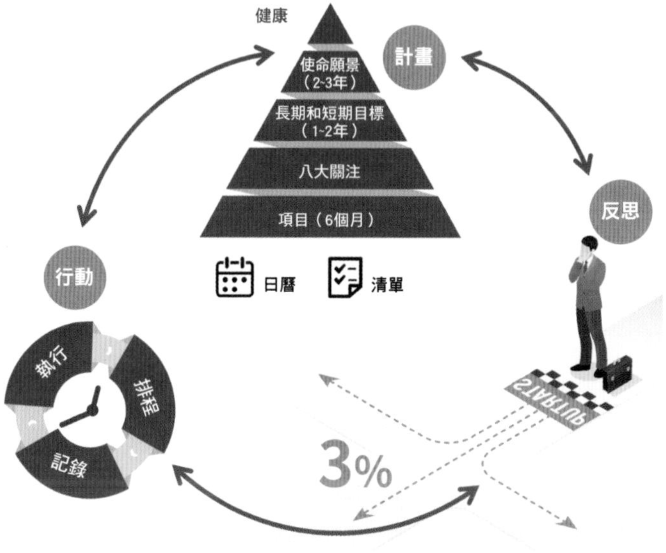

「反思—計畫—行動」和「紀錄—排程—執行」雙環

反思力作為最重要的壓軸戲而登場，我把它放在最後來講，是因為它可以為前面的行動力和計畫力保駕護航。

做事情，想要順利取得我們想要的那個結果，需要經過三次創造：一次在腦中，一次在現實中，還有一次在行動後的反思中。

經驗來源於行動，行動加上反思等於智慧。**反思的重要意義不僅在於它能幫助我們及時發現錯誤、修正行為、提升智慧，還能幫助我們發現和培養自己的優勢，找到人生方向，從而每天高能要事做出成果。**反思是保證計畫合理、行動有效的法寶。

舉個例子，昨天晚上快睡覺時，我知道飛機誤點一個小時，而且我家離機場很近，但我還是提前三小時出發，我的習慣是留出充裕時間。我的同伴家離機場比較遠，他不知道飛機晚點，按照正常日程安排，也趕來了。然而登機報到時，人家發現他沒有登記美國電子簽證，不給他報到。我要他趕快處理，而我自己順便打電話商量暑期家庭美國行程。我處理完事情後，發現他還要花很長時間申請，我就開始幫他。因為在這之前，我的美國電子簽證剛過期，填寫很多細節，十分麻煩，當時我有一位同事幫我填寫、更新好了，所以算是有點經驗。最後，我和同伴花了將近一個多小時才搞定，這才從容出發。

路上，我和他聊天，分析這次事件：

1. 今天飛機算是為我們誤點，否則時間非常緊張，我們甚至可能趕不上飛機。
2. 人都是有盲點的。其實我們公司有一位同事美國電子簽證委託外包時，我在會上提及過。這位同伴有印象但不深刻，沒有轉化為自己的「填寫」意識。
3. 我告訴他，什麼事情第一次做，沒有經驗，需要保持好奇心，仔細檢查。
4. 對於我來說，就要多提醒第一次做事情的人，注意一些關鍵細節。否則，像這次這樣，假設同伴沒趕上飛機，就會影響到我工作上的配合。

5. 凡事提前處理，可以委託專業人士。同時今天的事讓我想到，要趕緊填寫家人的美國電子簽證委託。

6. 總有緊急事件，所以要留出充裕時間。

我相信我和同伴以後遇到類似事務都會處理得更好。其實，這就是反思的價值。常年的晨間日記，讓我建立了反思的思維，並不斷修正行為，建立了好的做事習慣，很少發生意外突發事件而讓我手忙腳亂、疲於應付的情況。

米開朗基羅：「我鑿去多餘的石頭，『大衛』就誕生了。」

米開朗基羅說：「我去了趟採石場，看到了一塊巨大的大理石，在它身上，我看到了大衛。於是，我鑿去多餘的石頭，只留下有用的，『大衛』就誕生了。美就是淨化過剩的過程。」

臺灣著名漫畫家蔡志忠也說過類似的話：「每塊木頭都可以是一尊佛，只要能去掉多餘的部分；每個人都可以是完美的，只要肯去掉缺點和瑕疵。」

所以，反思的真正價值在於幫助我們去偽存真。在反思的過程中，我們要不斷強化正向做到的，記錄沒做到的，改進沒做到的和沒做好的部分，去找到真正的自己，然後成為更好的自己，最終活成自己想要的樣子！

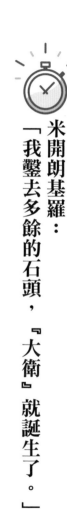

善於反思是偉大人物的共通點

我閱讀了大量的偉人傳記和名人採訪，發現古今中外的名人偉人幾乎都有做反思的習慣。

《曾國藩家書》裡記載，曾國藩在自己三十一歲時給自己訂了個「日課冊」，名叫《過隙影》：「每日一念一事，皆寫之於冊，以便觸目克治。」「凡日間過惡，身過、心過、口過，皆記出，終身不間斷。」他還有一個習慣是師友加持，日記要給師長和朋友傳閱和評價，也激勵自己改進，因此就慢慢進步了。類似今天我們在朋友圈寫日誌，大家點讚評價。

明代思想家袁黃，結合自己的親身經歷、畢生學問與修養，在所著的《了凡四訓》裡講述，要對自己每天的行為進行打分，善行打正分，惡行打負分，分別記入功格和過格，用正負數字標示，只計其數，不記其事，每夜自省，月底作一小計，年底再將功過加以總計。功過相抵，累積之功或過，轉入下月或下年，以期勤修不已。

稻盛和夫也在自己的《稻盛和夫工作法》一書中說，在一天結束之後，回顧這一天，進行自我反省是非常重要的。他引用了英國哲學家詹姆斯·艾倫的觀點：人的心靈像庭院，出色的園藝師會翻耕庭院，除去雜草。我們需要透過天天反省，翻耕自己的心靈庭院，掃除心中的邪念，培育自己的善良之心。

關於反思，班傑明·富蘭克林也有一套自己的做法。早上起來他會問自己：今天我要做些什麼？晚上睡覺前再問自己：今天我都做了些什麼？他還有一個非常著名的「十三條自我修練戒律」，用在一個小本上畫表格、標小黑點的方式，一週一條戒律嚴格地審查自己，以幫助自己培養出優秀的人格。

麥克·羅區格西老師也總結出了一個非常棒的理念叫「六時書」，就是拿出一個空白的本子，把它打開，在上面畫一條豎線和兩條橫線，把一頁紙均分為六個小格，在一天的六個時刻，停下手裡的事，打開這個小本子來記錄自己的狀態，每天分六次檢視自己的進步得失。

管理學大師彼得．杜拉克在他的《杜拉克看亞洲》一書中寫道：「每當一個天主教神父或喀爾文教的牧師要做一件重要的事情，比如做出一個關鍵性決定，他必須在事前寫下自己預期的結果。九個月之後，他會將實際結果與預期結果進行回饋分析。這樣他就能很快明白：他哪一部分做得好，他的長處在哪裡；同時，他也可以看出自己還需要學習什麼，哪些習慣是需要改變的。這種『回饋分析法』可以幫我們找出自己不能或是不該做什麼，並且清楚自己的長處所在，知道如何發揮長處，這些是獲取成功的關鍵因素。」

反思的習慣讓大家知道自己做了什麼，以及未來應該做什麼，反思的路徑就是他們成功的路徑，也見證了他們的不懈努力。

你要學著來反思。接下來我們講反思的層次和內容。

實現終身精進：日課六省

反思有層次，我們通常會對一件事或一個計畫進行反思，而在事件之上，加入時間和生命的維度，做時、日、週、月、年的反思，是更全面的反思系統。

按照我們前面提到的近細遠粗和自下而上的原則，今天我敦促大家一定要格外重視日反思。絕大多數人一年關注自己的目標與得失一次，而偉大的人物，是以日甚至以時為單位進行反思的，我們也是如此。

我前面談到，早晨寫晨間反思日記，一天一次，你可以根據自己的實際情況以及我們的建議，做單方面或多方面的反思。在此基礎之上，我來講講什麼是更高段位的日反思？幫助我們實現終身精進的不二法門：日課六省！

《論語》中曾子說，「吾日三省吾身」。這裡的「三」是多的意思，時時反思很多人難以做到，但當你有一定的基礎之後，一天多次反思是能夠做到的。

我發現手錶鬧鐘＋標籤＋錄音或者文字記錄來實現日反思，效果非常好。

因為大腦記憶體有限、容易遺忘的特性，尤其當我們專注於某事的時候，就容易遺忘或忽略其他事，所以設置鬧鐘提醒，就是到點提醒我們要轉而專注某方面，回顧反思，或者及時計畫下一步行動補救。

我自己寫日記已經超過十年，每天進行一次多方面的反思早已成為習慣，但是在今年一月去美國亞利桑那州聖多娜做時間管理分享交流之後，我把自己的反思從一天一次多方面反思，加碼成了一天多次多方面反思。

我在自己的智慧手錶 Apple Watch 上設置了鬧鐘提醒，每天六次，分別在十點、十二點、十四點、十六點、十八點、二十點，到點就提醒我要「珍愛生命」和「慷慨助人」，這兩項是我認為最重要的。兩項分別各交替提醒三次，每次收到提醒後，我就回顧過去兩小時有沒有做到，如果有我就記錄，如果沒有就要及時補救。

第一天十點鐘鬧鐘響了，我一看手錶「珍愛生命」，回顧過去兩小時，卻發現好像什麼都沒有做。但想到水是生命的源泉，於是我馬上拿起水杯開始喝水，想著第二個鬧鐘是「慷慨助人」，然後提醒身邊的夥伴也給身體補充飲水，同時照例按照我的習慣，走的時候，將房間東西歸位。

十二點鬧鐘再次響起，我很開心。回顧過去的兩個小時，自己有做到慷慨助人，因為當時在路上，所以用手錶App語音記錄。

隨後我們一行人抵達鳳凰城，在準備登機時，因為我是頭等艙，就率先走過去，結果發現大家用異樣的目光看著我，我詢問工作人員，才知道現在正在讓身心障礙人士先行登機。

慚愧慚愧，因為自己沒有覺察到，正好十六點的鬧鐘響起「慷慨助人」的提醒，我記錄自己下次應該多注意禮讓。上了飛機之後，讓他人先通行，再放自己的行李，我發現自己覺察力在上升。

每天每隔兩小時一次的提醒，讓我在珍愛生命和慷慨助人上不斷精進，我感受到自己正一點點邁向我想要的方向。

回國後，我和家人去滑雪場度假，手錶就提醒我要珍愛生命，於是我把滑雪工具再三檢查並照看家人，才走進滑雪場。上了纜車，坐在對面的陌生雪友，打完電話把手機放入口袋後沒拉拉鍊，這樣出去滑雪，手機有可能就丟了。於是我提醒他拉上。其實以前這種事情，我不太關注也不好意思提醒。

我從這種反思的方法中受益頗深，於是開始跟身邊的人分享，收到了很好的反饋之後，我就把它融進了我們的知識體系，讓更多人受益。

用手機設置鬧鐘，一天提醒自己六次，是快速提高覺察力的有效方法。之前我倡導學員一定要養成寫晨間日記的習慣，它確保你一天至少可以做一次單方面或多方面的反思；今天，我建議已經建立日反思習慣的你適當加碼，一天多次，進步的速度會更快。

你的反思一定是從你夢想生態系統裡的八大關注中來

反思的層次講完，你可能會說：「我不知道該反思些什麼。」幸福的人都是相似的，不幸的人各有各的不幸。那麼幸福的人為什麼相似呢？經過大量的查閱和統計，我們發現，九十%的人生贏家不僅僅在財富、事業，還在健康、家庭和人際關係等領域有著驚人相似的建樹。

所以你的反思內容一定是從你夢想生態系統裡的八大關注中來！根據自己的現實情況，我建議你從「健康、家庭、效能、財富、事業、旅行、社交和學習」這八大維度出發，設立目標和設置提醒。

我一個雪梨的學員就是這種反思習慣的巨大受益者。他平時工作非常忙，做的產業很多，長期下來，自己的健康和家庭生活都受到了很大考驗。然後他用了我這種方法，手機一到時間就響，收到提醒後他就停下手裡的工作，反思自己在過去的兩小時裡，是不是還是工作狂的狀態，有沒有關注健康？

如果沒有，就馬上命令自己休息五分鐘。

今年四月份時，我們在墨爾本相遇，他告訴我，透過不斷地提醒，十天後，他已經從以前總是埋頭苦幹的狀態，變成了早上一睜眼，就想著把什麼事情委託給什麼人；一個月後，在已經能夠把關注健康和學會委託這兩件事做得很好後，他將提醒事項增加到四個，加入了「回覆電話」和「幫助他人」，過了一段時間他又加入了「親密關係」，並將其放在第一位，每天都被鬧鐘提醒，現在要為妻子做點什麼事情了，這讓之前快要被妻子排除出核心關係圈的他，又有了戀愛時的感覺，幸福感大大提高。

我還有一個學員，我讓他當眾承諾為了減肥十八公斤，每天做一件心甘情願的小事，並設置了六個鬧鐘，結果十七天減重六公斤，五十四天減重十公斤，身體體脂率和內脂全面下降。記住，他的當眾承諾不是九十天之後再來評估，而是每天被提醒六次，每天都做一件心甘情願的小事。

你的反思和行動在哪裡，你的成果就會在哪裡。從八大關注中提取值得反思和不斷關注的事項，也需要遵循「循序漸進」的原則。初學者，不是要讓八大關注裡的所有事項都一次性進入提醒系統，即使被提醒也可能做不到，或者沒時間做。建議你嚴格謹慎挑選一兩個開始。

我提供範例供你參考吧：

健康方面可以設置提醒自己珍愛生命；

家庭方面可以設置鬧鐘提醒自己關心父母、親密關係、孩子學習；

效能方面設置提醒自己要高能要事；

財富上提醒自己關注業績、分享財富、要幫助更多人財富成功；

事業方面我給自己設置的提醒是提升學術水準、商業效能課程體系更新完善等；

旅行方面我的提醒是人生百國和二〇二〇南極之旅；

社交方面，我提醒自己要慷慨助人，並且執行謝天計畫，每年感謝一百位朋友，執行好久未見計畫，每年和五十個人見面午餐，說正面積極的肯定語言等；

最後在學習方面，我提醒自己今年要聽書一百本、學習英語。

目前，我設的六個鬧鐘是珍愛生命、慷慨助人、親密關係、關心父母、親密關係、孩子學習。模仿是最好的學習，你的反思內容可以參照名人和偉人提升人格類的內容，或者像我一樣從自己的八大關注的夢想目標中尋找，初期你可以從一到兩個開始，一天迴圈提醒六次，等你的能力逐漸增強，三個月後你可以設置更多。

據麥克·羅區格西老師的助手陳先生介紹，一個高級的修行者，從每天十項開始，到二十年後，大師給了四百八十多項提醒，一天六次提醒六項，今天一到六，明天七到十二，後天十三到十八，依次進行，輪完一圈需要八十多天，這是大師的終極行動。

你是不是準備或者已經設上鬧鐘了呢？記得加上標籤喔。

最後的彩蛋：真正的時間管理是基於人生贏家而進行的生命管理

很開心在紐約為大家寫這本書的最後一些文字。

我一直想跟大家另外再多說些什麼，其實我最想告訴你：「人生很美好，這輩子，你既然來了，就好好幸福地活一回。」

在我的理念裡，時間管理的最終目的是：幫助我們獲得一個值得擁有的幸福人生。那今天來揭曉幸福的祕密吧！

最幸福的人生應該就是人生贏家們的人生，一種卓越而不失衡的人生狀態。我在幾個音頻節目當中都講過，人生贏家的理念來自哈佛大學的調查，這項調查開始於一九三九年，只為了追問：「什麼樣的人，最終會成為人生贏家？」

是社會名望嗎？是財富多到讓人羨慕嫉妒恨嗎？

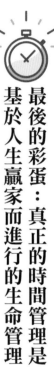

不，幸福與成功、富有的關係不大，只占二十％。

一旦我們的基本物質需求被滿足了，財富就幫不上什麼忙了。

智商超過一百一十以後，就不再影響收入水準；家庭的經濟、社會地位高低也影響不大；外向內向無所謂；家族裡有酗酒史和抑鬱史也不是問題。

經過近八十年、每兩年一次的調查問卷、每五年一次的面談，積累了幾十萬頁調查資料。基於研究分析和觀點提煉，哈佛大學的這項調查告訴我們，人生贏家需要十項全能，最重要的十項標準裡只有兩條跟收入有關，四條和良好身心健康有關，占據大部分的四條，則和溫暖、和諧、親密的情感關係有關。

雖然我未獲取十項全能的細節，但是這個理念對我影響巨大，經過我自己的探索總結，並和學員們一起實踐。

人生贏家的關鍵：

必須八十歲後仍身體健康、心智清晰，沒活到八十歲的自然不算贏家；

六十到七十五歲間與孩子關係緊密；

六十五到七十五歲間除了妻子、兒女外仍有其他社會關係；

六十到八十五歲間擁有良好的婚姻關係；

收入水準居於前二十五%。

良好、親密的關係有利於我們的健康和腦力處於完好狀態，既保護身體健康，也保護大腦的記憶力。反之，則等人到中年後，健康情況便會每況愈下，大腦功能下降得更快，也不會長壽。

愛、溫暖和親密關係，會直接影響一個人的「應對機制」。只有好的社會關係，才能讓我們幸福、開心。被愛過的人才會愛別人。這一點我經常傳遞給學員。

我有位新疆的學員得過癌症，雖然被治癒了，但一直不敢正視自己的病，因此抑鬱了。她說她的世界是灰色的，但我告訴她「黑白之間是彩虹」。後來她跟著我學習時間管理，在一個積極向上的圈子裡被啟動與喚醒，得到很多人的鼓勵、支持。她感覺每個人都伸出手將她從冰冷黑暗的海水中救出，並且讓她擁有了重生的力量，爬上岸，把愛帶回家、帶給家人，讓家人覺得她變了，變得溫柔、積極、陽光、樂觀。

今天，我要重點強調：良好的關係還會影響財富。據一項研究表明：與母親關係親密者，一年平均多賺五十萬元。跟兄弟姊妹相親相愛者，一年平均多賺三十五萬元。原來賺錢靠的是父母和兄弟姊妹啊！

年輕時你和大多數人更關注成功和富有。但研究顯示：發展得最好的人是那些把精力投入關係的人，尤其是和家人、朋友和周圍人群的關係。

現在你可以想像一下：當你老去，回顧自己的一生，發現到了年老的時候，還有很多人記掛著自己，有親密的另一半和孩子，以及社會關係互相支持著，那才是真正的人生贏家。所以說，真正的時間管理是生命管理，基於幸福的人生贏家而進行時間管理。

以終為始，接下來，我就來總結葉武濱版的人生贏家的十項全能：兩項和金錢有關，我認為是賺錢和實現財富自由的能力。四項和身心健康有關：我認為是維持健康延長壽命、時間管理、空間自由和心靈自由的能力。四項和情感關係有關：我認為是愛的能力、人際網絡、影響力、人生使命。

一、賺錢的能力

金錢不是萬能的，但沒有錢是萬萬不能的。我們可以選擇好好工作獲得回報，或者創業成功，透過經商快樂獲利並和團隊共用。除此之外，還要通過經營、投資和融資三種管道為你的企業產生更多利潤，實現收入最大化，成本最小化。過去十餘年，透過學習、創業，以及在金融、法律和財務領域的經歷，我掌握了快樂賺錢的商業哲學和方法。

你覺得這個重要嗎？如果具備了這個能力，你的人生會怎麼樣？

二、財務自由的能力

年輕時，你健康能幹，高收入高支出。後來你衰老了，學習變慢了，沒有精力工作了，病痛接踵而來，支出會更高。很多運動員、明星最後都窮困潦倒地結束了一生，原因就是沒有投資理財的能力。

所以在年輕時，你務必要開始學習投資和理財的能力，遠離金融風險，要建立長期複利的思維，放棄短期套利的行為，通過投資固定資產、智慧財產權，獲得長期被動收入，實現財務自由。

我認為這個比賺錢更重要，你能搞懂收入、支出、資產和負債跟你人生的關係嗎？窮人用時間賺錢用於支出，一般人賺錢、負債、投資並支出，富人投資知識資產，實現資產產生現金流，用於支出，毋須工作，最終工作的意義不是賺錢，而是幫助他人。

這是一門學問，你要花時間掌握，最好是找個導師。

三、**健康**

這是最重要的，任何人都知道。但是有多少人真正明白，李嘉誠九十多歲的時候一年的財富就增長三十八％，巴菲特九十％的錢是六十歲以後賺的。活得久才是關鍵，但維持健康是一個重要能力，也是習慣和生活方式。無數人沒有時間關注健康，透支健康。而多年實踐表明，我找到了一套高效能、慢生活的生活方式，可以讓自己擁有健康，保持體重，不抽菸不酗酒，獲得更好的睡眠、更平衡的飲食，重要的是能夠建立終身運動的習慣。

維持健康的能力往往和一個人的自律有關。你重視並掌握這項能力了嗎？

四、時間管理

彼得．杜拉克說，自我管理的核心第一要務是時間管理，你必須掌握時間管理的能力，找到、發展並發揮自己的優勢，學會聚焦，去獲得十六倍的人生效能。同時，找到正確、長期的人生方向，明確了工作的重點，減少工作時間，才能有時間把生活慢下來，獲得健康長壽，進而反過來支持人生出更多的成果。你需要具備行動的能力、計畫的能力和反思的能力。

這個能力你已經透過我的九段課程正在培養，測試一下，目前你的段位如何？要繼續學習哦。

五、空間自由

人們想要獲得成功、富有，越來越需要創造力和想像力。

你必須擁有知識，這是創造力和想像力的基礎。知識不僅僅來自閱讀。世界是一本書，你應該擁有旅行的能力，行走百國，讀萬卷書、行萬里路、見多識廣，人生才會更成功。我行走了許多國家和地區，一邊工作一邊旅行給予我寬廣的人生版圖。

六、心靈自由

活了一百零五歲的日野原重明先生在《活好》這本書裡說，世上有很多看得到的好東西，但也有很多寶貴的東西肉眼無法看到。這些看不到的東西，才能真正豐富我們的生命，讓我們感到幸福。而一味追逐名利地位和物質財富的人生是悲哀的。

在今天的世界裡，我發現很多人已經很有錢，但是沒有管理好自己的人生，浪費無度。甚至，賺錢已經成為很多人的本能，殊不知，有的人即使用一輩子也不需要這麼多錢。

其實放下也是一種能力，回歸精神世界獲得心靈自由非常重要。你察覺到了嗎？

七、愛的能力

良好的關係會讓一個人更幸福。事實證明，和家庭、朋友、周圍人群連結更緊密的人更幸福，他們身體更健康，也比連結不甚緊密的人活得更長。重要的不是朋友的數量，而是情感關係，特別是親密關係的質量。

太多人花了過多的精力和時間去記恨、嫉妒他人。從瑣碎到不能再瑣碎的小事上不斷壯大彼此的負能量和怨恨，為了不值一提的事互相指責。

對於最親近的人，大多數人理所當然地認為：基於信賴與愛，對方終會原諒我們。

其實錯了，愛是接受最真實的他人。當你接受了，才會進一步發現對方的優點，進而相互欣賞。

你必須盡早找到並完善自己最信任的情感關係，包括愛情、友情和親情，這將能大大增加你成為「人生贏家」的概率。美國作家馬克・吐溫回顧自己的一生時，寫下這樣的話：「生命如此短暫，我們沒有時間爭吵、道歉、傷心。我們只有時間去愛。」

認知生命的意義，領悟愛與被愛，圓融地處理人際關係，面對困境，這是你必須掌握的技能。

八、人際網絡

在生活的舞台上，真正的朋友，需要有共同興趣和經歷，並且在困境中能夠互相幫助。除了強連結，弱連結對於事業和財富其實也很重要，弱連結數量大、跨界，會帶來資訊和財富。如果你具備超強的人際溝通能力，結交全世界各行各業的朋友，讓你很快就可以獲得世界的知識，不是透過網路資訊，而是來自不同文化、不同國家的資訊，不對稱，整合起來才有巨大的財富價值。

我的幸福感來自我全球的人際網絡，比如今天我在許多國家和地區可以開課成功，甚至場地免費，沒有租用辦公室，這都是粉絲和同學幫助的結果，二〇一七年之前我在海外的社會關係幾乎為零，如今我在全球有了很多好友。我的很多結果，都是通過弱連結的社會力量獲得。

弱連結的力量，你掌握了沒有？

九、影響力

很多人經常跟我說，請別人做還不如自己做更快。其實，一個有成就的人不僅要完善自我、活出自我，想要獲得更大的成功，還必須建立團隊，同時擁有幫助他人成功的能力。你必須具備人格魅力並系統掌握公眾溝通的能力，自律友愛，關注結果。你必須具備寫作、演講等語言運用的能力，學會應用網路、新媒體的力量，提供有價值的資訊和知識，並幫助到他人。

十、找到人生使命

除了金錢、自己、家庭、朋友、時間自由、空間自由，人生最重要的力量，來自自己必須是有社會責任感的。對我們好的人一定要好好珍惜，讓自己活得多姿多彩，不僅意味著你自己一個人多姿多彩，更是讓認識你的人因為你也變得多姿多彩，大家都幸福，你才會更幸福！

人生的終極需求是自我實現，但並不是底層的物質豐富。恰如我自己，我找到了自己的人生使命，幫助一億人提升效能，甚至還可以幫助到更多人，這讓我看到了生命的意義。

所謂偉人，會珍惜自己的生命，也懂得感恩。偉人不會只想獲得更多，他們更想利用現有的東西去奉獻更多，並且願意把時間奉獻給他人。臉書創辦人馬克．祖克柏說，**靠本能和直覺可以讓自己找到目標，但是使命會讓人更有精神動力**。做著有意義又快樂的事業，你的心靈才能和世界合一。

你也要找到自己的人生使命，一起讓世界變得更好！

以上，就是我認為非常重要的十大能力。

Eurasian Publishing Group
圓神出版事業機構
用心與你對話・視野無限寬廣
方智出版社
Fine Press

www.booklife.com.tw　reader@mail.eurasian.com.tw

生涯智庫 181

高能要事時間管理術：把重要的事，做到極致

作　　者／葉武濱
發 行 人／簡志忠
出 版 者／方智出版社股份有限公司
地　　址／台北市南京東路四段50號6樓之1
電　　話／（02）2579-6600・2579-8800・2570-3939
傳　　真／（02）2579-0338・2577-3220・2570-3636
總 編 輯／陳秋月
副總編輯／賴良珠
主　　編／黃淑雲
責任編輯／陳孟君
校　　對／溫芳蘭・陳孟君
美術編輯／潘大智
行銷企畫／詹怡慧・楊千萱
印務統籌／劉鳳剛・高榮祥
監　　印／高榮祥
排　　版／陳采淇
經 銷 商／叩應股份有限公司
郵撥帳號／ 18707239
法律顧問／圓神出版事業機構法律顧問　蕭雄淋律師
印　　刷／國碩印前科技股份有限公司
2020年6月初版

定價330 元　ISBN 978-986-175-556-4

你本來就應該得到生命所必須給你的一切美好！
祕密，就是過去、現在和未來的一切解答。

——《The Secret 祕密》

國家圖書館出版品預行編目資料

高能要事時間管理術：把重要的事，做到極致／葉武濱 作.
-- 初版. -- 臺北市：方智，2020.06
272 面；14.8×20.8公分. --（生涯智庫；181）
ISBN 978-986-175-556-4（平裝）

1.時間管理 2.成功法

494.01　　109005640